Thérèse

陳格秀 *Theresa Chen*——著

全方位軟裝師美學指南

室內軟裝設計心法秘訣，一次到位

十種風格／八大元素／生活美學／佈置藝術

Foreword **推薦序**

一部透析視覺語彙和邏輯系統的美學程式

裝飾美學軟裝設計這個是近幾年在亞洲能見度越來越廣且逐漸火熱興起的美學行業，現今人們處在充斥數以萬計的美學影像素材環境中，審美的意識已經普遍被喚醒，裝飾美學概念也在不知不覺中進入大眾的視野裡，在這個大趨勢下越來越多的人對於空間設計中的細節更加重視及對生活美學想法有著不同以往傳統的觀點。在許多室內設計空間的陳列作品中，常常看到各式風格完美場景中的擺設如家具、裝飾畫、藝術品、 窗簾布藝、燈飾、陶瓷雕塑、花藝綠植及其它裝飾擺件等，很多都是出自空間軟裝設計師之手，這股軟裝風潮已逐漸影響室內設計產業從業人員及對美學、設計、藝術喜 愛且有興趣的大眾。許多人對於室內設計與軟裝設計有著模糊不清定義，在歐美國家 已經將室內設計和軟裝設計的專業度區隔開來，分別成立專屬的部門，由室內設計師搭配軟裝設計師進行空間全面性主題風格確立及興趣愛好需求的生活模式建議，簡單來說，室內設計是按照設計圖進行施工，軟裝設計是按照設計圖進行採買。

在台灣能接觸到軟裝設計的渠道並不多元，相關的書籍也未見有系統全方位解析，而 Theresa 所出版的《全方位軟裝師美學指南》一書，恰好能讓讀者有著全面性了解到，從軟裝師的視野所編寫的軟裝設計書籍與一般軟裝風格書籍不同，書中內容從軟裝基本概念的主流風格介紹到軟裝設計構成的八大元素應用都有詳盡的解析，Theresa 也從日常生活中透過旅遊、看展讓生活植入藝術美學編碼進而研習出軟裝師的美學品味與擺設技巧，讀者們可經由這本書了解到軟裝設計心法秘訣，並可理解到軟裝設計的創作流程，它是一種可被分析且整理出一套具有視覺語彙和邏輯系統的美學程式。

隨著時代不斷發展，軟裝美學也快速走入人們的生活，軟裝設計有著無限可能性，它能隨著不同季節所需的色調調整，也能隨時更新不同的裝飾元素，透過軟裝陳列擺飾賦予空間更多的文化內涵，襯托空間氛圍創造整體環境詩情意境，強化設計風格增加豐富空間層次，一幅畫一個擺件無不體現居住者的品味及個性。

推薦這本書給設計相關人員和生活中喜歡變換型態架構且對生活美好事物有其自身獨特見解的人，期待能透過此書層層疊疊出屬於自己的軟裝設計美學。

亞太空間設計裝飾協會理事長
大崑國際室內裝修有限公司總經理

Making differences in your home

人不論走多遠，爬多高，承受多大的傷，最後總有一個盼望那就是回「家」。「家」能夠讓人沈靜，從中獲得美感的經驗與心靈的撫慰，返回原點，凝聚感動再次出發！因此「家」的重要性不言而喻，而陳格秀老師所推出的軟裝設計的這本書，以淺顯易懂的角度引導讀者，構築自己心中夢想的家！

許你／妳一個不一樣的心靈居所，Making differences in your home ！

我們所熟悉的室內設計，乃是為解決特定使用及條件的對象，達成某種目的計劃、完成特定目標。此意所指，日常生活中體驗之感知，可從中找尋到解決生活相關問題的脈絡。也因如此執行設計過程中，為達成主觀思維、預算條件，雙方的主觀認定、彼此溝通作業之耗時，重心都擺在空間硬體本身，往往會忽略了，軟體規劃也是重要的一環，而最終可能失去了總體的氛圍價值，實屬美中不足！

所謂的「設計軟裝」從簡單來說，對空間所屬的環境，可以植入各種活動的佈置，大到整個空間的佈局，小到室內環境中各項器物件細節與品味的妝點。創造一種合理、舒適、優美能滿足人們心理需要的室內環境。相較於歐美國家發展軟裝已行之有年！從事室內設計均與軟裝設計同時進行規劃，而台灣「軟裝設計」直到這幾年逐漸蓬勃發展，長期間較單一極簡風格為主的台灣社會，因時代的需要，也形成專業分工的風潮！「軟裝設計」這項的服務大眾脈動美學產業，先後成立軟裝公司，並將主導生活最關鍵的部分，讓室內空間賦予新意佈置，重新建構出當代「居所」的嶄新藍圖，也重組了人與空間的相互關係，成就撫慰心靈愉悅的家。

身為室內設計資深設計人及教師，長時間觀察及推動設計美學，加上經常有機會造訪國外許多著名的城市，經年累月體驗不同文化背後的美學及生活的品味。觀察室內設計這行業數十年，有感於後浪推前浪的速度逐漸加速，這樣的趨勢跟服裝設計皆有雷同之處，國人對於美學的認知涵養意識抬頭，滿足人們心靈的渴望！也是社會美學教育的一個重要課題。

我以 Making differences in your home 簡單為這本軟裝設計做為註解，期許在後疾情的世代來臨！「家」跟我們的關係更密切了，時間也變得更長了，許一個不一樣的家，是我們共同的願望！全方位軟裝師美學指南！將是準備交屋入厝，或單獨想為家中妝點更多不一樣，《全方位軟裝師美學指南》一書，將是你一個很好的選擇。

東海大學創意設計暨藝術學院教授

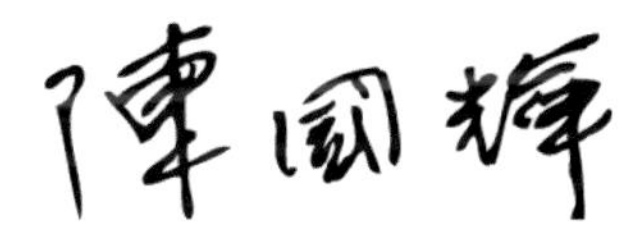

逐步建構五星級質感生活

我們在觀看電視節目或是雜誌時，有時會有住宅的報導，對於自己的家希望能像節目或雜誌中那樣的空間氛圍，甚至於在旅行時所下榻的高品質飯店，想把住宿的空間搬回家，這說明了人們都嚮往有質感的生活空間。

對於美好事物的喜愛這是人類自然天性。不管是身上穿的衣物、所使用的物品、用餐的空間、居住的環境，總能吸引著人們。而這背後的因素，是經由設計或裝飾的過程所產生，這需要有美學的形塑才能打造出這帶給人愉悅舒適的感知，它是一種質感氣氛的體現。

隨著社會進步，生活水平的提升，消費觀念也隨之改變，在時代潮流的催化下，兼具設計、功能、時尚、有質感的物件深受人們所喜愛，而對於生活空間更是如此。歐美等西方國家在設計及裝飾這方面從很早就已經開始，或許跟他們重視生活品味及從小接受美學的薰陶有關。

時至今日，人類生活已然不同於以往，相較於西方國家，台灣在生活品味及裝飾美學這塊領域上尚有很大進步的空間。享受如五星級飯店般有品質的生活並非遙不可及，妝點質感空間您也可以自己來，藉由軟裝天后陳格秀的著作《全方位軟裝師美學指南》一書，可以學習到更多空間裝飾設計的應用範疇。

Link Media Group 總編輯

One Research Design 主理人

歡迎一起走進空間的萬花筒

軟裝師這個職業，在歐美雖然相對普及，但也不是真的每個人都清楚這個行業內的具體工作範疇。在台灣更是一個很新興的行業，所以作為軟裝圈內人多半都互相知道彼此，但與其說是競爭關係，我認為現階段的時代，同業之間更多是惺惺相惜。因為我們都是期許台灣更上一層樓、也熱愛美學，並願意貢獻一己之力去培育、推廣「藝術就在生活中」的人。

當得知 Theresa 要出書時，覺得出版社真是很有眼光。我自己本身就是長期關注 Theresa 粉專的小粉絲，喜歡她將旅途中、展覽上所見所聞，用自己獨到眼光與口語化的方式，分享給大眾，也特別欣賞她分析經典電影、熱門影集裡的空間佈局、風格色彩，有條理地讓我們透過文字與圖片，來吸取最新的脈動、潮流與知識。

不管是從古典到現代，從西方到東方，Theresa 對藝術的涉獵很廣，研究也深，長期的薰陶下對品牌家具的歷史、款式與材質，都能如數家珍的信手拈來，也令我感到自歎不如。尤其是在她紮實的室內設計背景下，無論是商空或住宅都能更游刃有餘的發揮。小至杯盤器皿的選品眼光、大致整體視覺的鋪陳規劃，都能感受到她細膩的心思，而這些寶貴的多年經驗現在都整合在這本書中，不藏私地與大家交流。

無論是想要簡單運用技法為空間增色，或要深入軟裝職場、進階提升的人，此書很適合作為自我修煉的寶典，書中歸納許多國內外的商業空間陳設技巧、配色心法與家具挑選的邏輯，以及很多良好的觀念都能借鏡用在自家中進化質感，不敢說看完之後就能做出媲美專業軟裝師的成果，但也絕對可以讓自己在吸收這些深入淺出的技巧之後，對於空間該如何著墨更有想法，也能從中獲得樂趣或單純對美學有興趣，想增廣見聞的話，閱讀這本書相信也可以擷取很多意外的收穫與靈感。

軟裝對我來說，就是日常的一部分，它是一門技術、一門商業，但更多的還是讓自己感到幸福的來源。家，是一個人最踏實的歸屬，把空間打點好，讓自己的心可以好好沈澱，尤其重要。從自己的居家做起，鍛鍊觀察事物的眼力，藉此當你走出家門看看不同的風景時，才能輕易吸取不同的養分進而內化。

空間就像是一個萬花筒，也像一面鏡子，讓人感受到外在的萬千變化，也可以讓人認識你的內心世界，是非常美妙的事。而作為一個軟裝師，有能力去營造美感則是一份非常寶貴的禮物，期許每位讀完此書的人，都能創造出屬於自己的天地，若能延伸這份能力帶給更多人不同的視野，想必也是作者感到最欣慰的事。謝謝 Theresa 與出色出版社規劃一本如此精彩的著作，讓有心學習軟裝的人，又多了一塊穩固的踏階再向上邁進一大步。

《室內軟裝師養成術》作者

軟裝顧問

Carol Lui

日常幸福感，從學習軟裝開始！

在我的臨床營養門診中，看到越來越多有自律神經失調，長期失眠過度勞累，甚至情緒壓力胖的個案，「心理會影響身體的反應」，也許是因為現代人身心承受過度壓力，才開始有這些問題的產生。因此每天回到家好好休息，好好的吃營養，練習放鬆都是解決之道。

而家，是我們每天會待上 8 小時以上的地方，也是我們每天疲累工作之後的避風港，想想我們每天辛苦了一整天，勞累奔波，汲汲營營都在為他人的事情忙碌，回到家如果可以好好的放鬆休憩，不管是躺在沙發放鬆，或是在房間看本喜歡的書聽的音樂，或是到廚房泡杯茶，假日製作喜歡的料理，補充營養搭配充足睡眠，充飽電之後再出發，這都是我們好好照顧自己身體心靈的必要原則唷！

因此，打造一個自己每天回家就喜歡的居住氛圍，是我們都必要的學習課題，甚至因為疫情關係也有很多人居家辦公，而如何去創造適合的環境，運用適合的居家佈置，營造滿滿的幸福感，都是我們可以照顧好自己，讓自己身心都平衡的必要元素。

由於自己本身是醫學背景，對於色彩藝術居家佈置都覺得不是那麼容易，但自從認識了 Theresa 老師之後，才發現沒有想像的困難！本書有她許多不藏私的分享，原來可以從軟裝佈置開始學習，不管是風格設定，家具的選擇，燈光到擺設，花藝植栽跟香氛，各種軟裝思考的細節，讓我們可以隨著季節隨著心情，運用軟裝技巧，創造自己喜歡的質感氛圍！

誠摯地邀請各位想要有品質生活的身心，就從本書開始吧！祝福各位都可以打造健康優雅放鬆的軟式生活，回家跟辦公都有滿滿的幸福感

晨光健康營養專科諮詢中心院長

趙函穎 營養師

Preface

美感與實用平衡的完美

「軟裝」在國內是一個新興的行業，而軟裝師也是近年崛起的熱門職業，對設計或佈置有興趣的同好，多多少少都聽過這個名詞，但相較於「室內設計師」，一般大眾對「軟裝設計師」仍舊是很陌生的。其實這個職業在歐洲和美國等地區，都已經相當成熟，雖然國內起步稍慢，但目前卻如旋風般快速席捲設計業界；到底軟裝師都在做什麼呢？

台灣的室內設計師，大部分都是從設計、丈量、繪圖、選材、開會、跑工地到完工之前的每個階段都得自己來，通常一個案子都需費時好幾個月。從事設計這十幾年，我經手過各式各樣的空間：飯店、設計旅店、豪宅公設、接待中心、實品屋、樣品屋、住家、民宿等等，而這麼多類型的案子，常常有個共通點，就是大部分都很少將「軟裝設計」納入事前討論，大都是以「裝修」的角度在規畫以及設計作品，所以往往到了案件後期的軟裝階段，就會遇到狀況，特別是案件即將完成的最後階段，由於工期緊迫，幾乎沒有充分的時間與業主討論，且預算大部分也已用在硬裝上面，所以挑選家具及其他軟裝物件時，往往受到諸多限制。

由於這些經驗，近年來我將軟裝的設計流程，融入每個案件中，發現實際執行起來，竟然順暢很多！當我將軟、硬裝拆開來同步進行規劃時，減少了很多不必要的浪費（時間或人力都是），不再像以往案子接近完成時才在考慮軟裝的窘境，因為在設計初期就已經分配好軟硬裝預算的比例，所以有了更多餘裕來讓設計與實用性更加地豐富與完整。

我的設計理念是「Minimalist new luxury（簡約新奢華）」。這個詞彙結合了「極簡主義」與「奢華」的涵義，指的是通過留白的手法、簡約的陳列表現，帶來精神上的奢華感，近似於東方人文禪風的概念。都市中空間有限，室內不一定需要重度華麗的裝修，或是奢侈的家具，現在風行的「輕裝修、重軟裝」，同樣能讓使用機能十分完善，重點在於透過軟裝的規劃，與硬裝相互搭配，進而達成設計美感與實用性之間的平衡，來呈現作品最完美的模樣，讓人真正去享受一個空間的美好。

因為這樣的契機，我開始更深入地耕耘「軟裝設計」的領域，多方汲取國外的專業相關知識，並結合了歷年的設計經驗，在 2019 年成立了我的軟裝 FB 粉絲專頁，不定期地分享設計、美學、藝術等資訊與文章，透過這個平台，讓更多人看見軟裝，我也因此認識了許多同好與同業，大家常在上面分享與交流。軟裝其實是很有趣的！我認為每個人都能夠嘗試軟裝，並將它帶入到自己的生活當中。

《全方位軟裝師美學指南》是我從美學設計、生活體驗、旅遊看展等多種角度切入，以平易近人的文字，帶著大家深入淺出地認識軟裝，了解軟裝，也精選了許多賞心悅目的圖片，希望大家閱讀此書時，心情都十分愉悅！

Contents 目錄

Chapter 5 軟裝設計的構成：八大元素

Chapter 6 軟裝的佈局手法

Chapter 7 軟裝設計的色彩學：配色心法

Chapter 8 軟裝創意靈感啟發：軟式訪展看藝術

01 JPY Design x Guanpin Decorations Studio 提供
溫暖舒適的家讓整日疲勞驟減。

Chapter 1

軟裝新思維：軟式生活 Start！

軟裝，不單純只是培養如何用陳列裝飾美化空間，
更是如何將生活型態打造成自己或客戶理想中的樣貌，
運用空間滿足完美生活的期待。

1. 每天回到溫暖的家？還是冰冷的宿舍？

忙碌了整日，離開工作場所，歷經繁忙交通，回到溫暖的家，這是大多數人每天的生活模式，然而在開啟大門的那一瞬間，你的心情是否既期待、又放鬆？還是沒有任何特殊感受，僅止於回到一個住處而已呢？

這兩年來突如其來的疫情，大幅改變了人們的生活型態，從外出通勤上班，變成在家中工作，於是家中的書房變成了會議室，餐桌變成了辦公桌，生活與事業衝突之下，無法將兩者清楚地分割開來。由於在家中的時間變得十分漫長，大家開始注意到，自己生活的環境，缺乏風格與靈魂，堆滿雜亂的物品，與不舒適的家具；以往只有下班後，到就寢前的幾小時會相處的空間，現在不得不去正視它們，也促使人們開始著手「打造」一個舒適溫暖的家。

01 Priscilla Du Preeze on Unsplash 提供

02 JPY Design x Theresa Chen Déco Design 提供

03 JPY Design x Guanpin Decorations Studio 提供

01 為自己留一個屬於自己的角落，沉澱放鬆。**02** WFH 期間，許多人都將餐桌當成工作區，打造一個舒適的座位區讓工作更有效率。**03** 收納空間很重要，開放層架用來佈置，有門片的則用來收雜物。

收納是軟裝設計的前導要素

一起來檢視你的家吧！首先，看看家中的收納空間夠不夠呢？物品是否雜亂無章，很多東西都沒地方放？如果是這樣，就必須先著手整理散落各在處的雜物，不該出現在視線範圍內的東西，通通收進儲藏櫃裡，不該出現在桌上的東西，通通收到抽屜裡，想像一堆帳單全部散落在桌上，比起全部整齊收在抽屜中的不同，當我們把那些不必要的雜物都收納妥當，整個空間馬上都清爽了，這就是為什麼雜誌上的照片總是這麼美？

收納，是執行「軟裝設計」的首要前置作業哦，立刻開始著手整理吧！

營造舒適空間的四大重點

將家裡整理妥當之後，我們可以開始規劃軟裝的部分了。一個空間是否舒適，我通常會透過這四件事情確認：

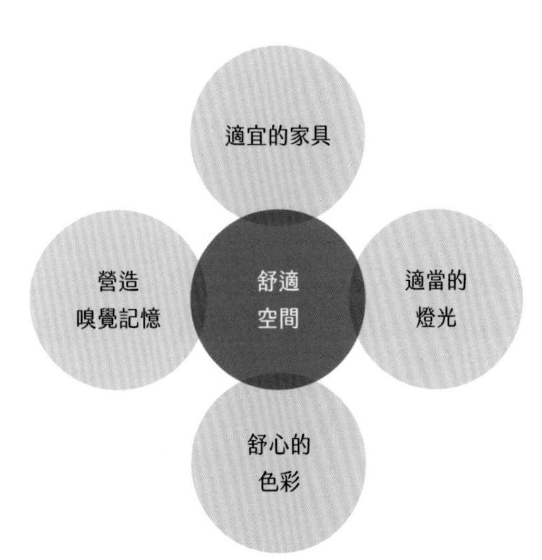

適宜的「家具」

首先從最大型的「家具」開始，在家中我們使用頻率最高，並有最多親密接觸的物件。

舉凡任何空間，家具都有其存在的必要性，住家、公司、車站、醫院、餐廳，一定都會有專屬的家具，才能發揮其功能，例如：一家餐廳一定會特別重視用餐的座椅、住家則會重視客廳沙發及茶几等。好的家具除了符合人體工學之外，設計的美感也很重要，當我們坐在舒適又漂亮的沙發上，其實身心都能獲得良好的體驗，少了家具存在的空間，就會缺乏機能性和動線規劃，就像少了靈魂一樣。

01 Michael Oxendine on Unsplash 提供

02 Space Joy on Unsplash 提供

01 適宜的家具讓空間使用上更加舒適。**02** 玄關放置一張椅子，不僅美觀也很實用，只要稍加佈置，每日回家時，心情感受大不同。**03** 為家具及室內打上柔美的燈光。**04-05** 臥室最適合柔和的暖光。

適當的「燈光」

任何建築物都一定會有燈光照明，特別是室內，除了日光燈這類基礎照明之外，燈光的氣氛營造也很重要，通常可以用一盞吊燈，或是小桌燈的光線，讓整個空間光線變得柔和。無論白天或黑夜，有時候只要有一盞暖心的燈迎接你回家，整天的疲憊就都煙消雲散了。

03 Orginal BTC 提供

04 Zane Persaud on Unsplash 提供

05 MK on Unsplash 提供

01 JPY Design x Guanpin Decorations Studio 提供

舒心的「色彩」

顏色很重要！每當我們進入一個空間時，第一印象就是顏色，藍色的牆壁、粉紅色的窗簾、或是鮮黃色的沙發，都會讓我們留下視覺記憶，並且影響我們的心理感受，所以挑選適合的色彩非常重要。家中的軟裝可以採用柔和一點的色系，例如牆壁可以挑選米色、莫蘭迪色系的壁紙，或是低彩度的油漆都很適合；而窗簾或地毯則可以選擇低明度的鵝黃色或薄荷綠，帶有彩度又不至於過於刺眼。當我們的視覺得到舒緩，心情也就自然而然地放鬆沉澱下來了。

營造「嗅覺」記憶

根據研究紀錄，人類的嗅覺記憶，遠比視覺記憶來得更長久，所以我們常常會有所謂「熟悉的味道」，就是長存在我們腦海中的一份記憶想營造出家的氣味，讓我們每次尚未踏進家門，已經先聞到家的味道，所以不妨選擇一款自己最喜愛的香味，將它放在玄關處，如此一來，每天打開門的一瞬間都是種享受。除了玄關之外的空間，客廳也可以擺放適合的香味，屬於全家人的公共空間，如客廳、餐廳，適合清新或自然的香氣，可以選用柑橘、香草類的香氛，若有似無地飄散在空間中，讓人無壓又放

02 JPY Design x Theresa Chen Déco Design 提供

鬆。臥室屬於私密空間，可依據個人喜好，挑選喜歡的香味，偏好香氣濃郁的人，可選擇花果香調如玫瑰、茉莉、小蒼蘭都很受歡迎，若喜愛中性木質調的香氣，可使用雪松、檀香、松針等。無論使用擴香、香氛蠟燭或是空間噴霧，都是透過香氣讓室內的氛圍煥然一新的方式，也能使讓我們感受到這是真正屬於自己的一個空間哦！

03 JPY Design x Guanpin Decorations Studio 提供

01-02 居家的色彩，使用彩度較低的顏色或淡雅的色系會比較無壓放鬆。**03** 床邊放喜歡的擴香或是香氛蠟燭，能有效紓壓。**04-05** 玄關或客廳等開闊空間，可以嘗試使用同系列的香氛，氣味比較協調。

04 Theresa Chen Déco Design 提供

05 Theresa Chen Déco Design 提供

生活中的氣味

空間	調性	元素
玄關	草本氣息	青草、鼠尾草、苔蘚、無花果葉、尤加利葉、赤松
餐廳 / 客廳 / 浴廁	自然療癒、果香	苦橙、香草、佛手柑、萊姆、葡萄柚、野莓、灌木
臥室	花香、果香 木質	大馬士革玫瑰、茉莉、小蒼蘭、金合歡、無花果 雪松、檀香、松針、皮革、菸草

值得投資得的日用品－家具

透過上述四項重點，可以引導大家，如何利用「軟裝」打造一個舒適溫暖的居所，藉由首要步驟與跟家具對話，踏出打造完美居家的第一步，試著問問自己：你喜歡你的沙發嗎？你熱愛你的床嗎？你喜歡在你的餐桌上用餐或辦公嗎？

01 JPY Design x Guanpin Decorations Studio

01 書桌的椅子不一定要用帶輪子的辦公座椅，舒適美觀的單椅，再加上一盞漂亮的桌燈就完美了。 **02** 選一張明亮的扶手椅，為室內增添繽紛色彩。**03** 原木家具或配件，提升家中質感，散發自然的幸福感。

02 Theresa Chen Déco Design 提供

03 Dane Deaner on Unsplash 提供

我深深覺得家具是最值得投資的一項日用品，為什麼說它是日用品呢？因為它所使用的頻率，遠遠超過任何一個名牌包、珠寶或是名錶！我們不會每天揹同一個包包，手錶或首飾也會時常搭配服裝而配戴不同款，然而你每天回到家，坐著看電視的沙發、吃晚餐的餐桌椅、晚上就寢所睡的床，一定都是相同的，並且在幾年內所更換的機會不高，既然我們花在這些家具的時間這麼長，為什麼不捨得多投資一點預算呢？何況它是與我們最貼近，與肌膚零距離接觸的。

快速為居家變身的 TIPS：

1. 一張「好」沙發
2. 添加氣氛燈
3. 更換嶄新的窗簾
4. 打造飯店級浴廁

經由軟裝的角度，我們利用以下四個方法為家變身：

❶ **換掉那套你已經忍受很久的沙發吧！它可能是硬梆梆的、塌陷的、顏色不搭配的，我們可能還得跟它相處 10 年以上呢！舊的不去，新的不來，現在就下定決心跟它說 bye-bye 吧！**

❷ **家中是否少了一盞「心中的光明燈」？也許家裡的照明已經足夠，但是餐桌上也許可以增加一盞很有氣氛的吊燈，營造溫馨療癒的家庭餐廳；沙發旁可以搭配溫暖的立燈，深夜時想看本書，或是讓客廳變成劇院看部電影，只要關掉所有燈，留下立燈就可以**

01 Christan Mackie on Unsplash 提供

囉；床頭也可以放一盞小桌燈，臥室馬上就有飯店的感覺！燈光就像是空間的魔法師一樣，撒上柔和的光暈，讓室內蒙上一層金色的薄紗，溫暖而閃亮。

❸ 掛在窗戶上的那塊窗簾，是否好幾年沒清洗，或是早就已經褪色了呢？布料其實就像是空間的衣服，也應該隨著季節更換，常清洗整理，如果室內的窗簾已經老舊不堪，請為它換上嶄新的一套新衣吧！

❹ 打造飯店般的浴室及廁所不是夢。第一步永遠是收納，將雜物通通收進浴櫃裡，放上香氛、盆栽或花，試著在牆上掛幅小畫，浴室也能用軟裝佈置得舒適宜人哦！

其實，軟裝就是指不更動室內格局及硬裝修，主要以後製的手法來規劃室內設計及佈置、妝點空間，歐美大部分的住家都很少裝修，因為工程與工資的費用都相當昂貴，與亞洲習慣裝潢的文化不同，歐美通常會以家具、燈飾、擺飾等手法，創造出具有個人風格，卻又很舒適的家，本書就是要帶領大家、一步步認識軟裝設計，透過軟裝的方式營造出完美的室內空間。

02 Rui Silvestre on Unsplash 提供

03 Kolya Korzh on Unsplash 提供

01 一張美麗的高腳椅，讓廚房變成最棒的早餐吧。 **02** 在家中打造一個喜歡的小角落。
03 工作室的書最適合以一大面牆來擺放。

2. Enjoy working time ！工作時也要有幸福感

後疫情時代，WFH（work from home）成為現代社會的新興工作模式 ，讓居家與工作兩者之間，界線開始模糊，因此人們紛紛開始重視自己的生活環境，也驚覺到過往對於空間的忽略和不用心。

在創業之前，我是一位在辦公室待了超過 10 年的設計師，雖然時常要到訪案場工地、外出開會，但實際上坐在辦公桌的時間，幾乎佔掉一天的 1/3 以上，這麼長時間與自己的位置相處，一定都會為自己的桌面稍稍佈置一下吧？我當時就把自己的辦公桌設計成無印良品風，除了電腦螢幕之外，用了原木材質的收納系統，堆疊在桌面，再搭配多肉植物跟旅行帶回來的小擺飾，以及小型擴香石，打造出一個迷你 Deco Area，每天看了就很舒心！

好的空間會影響人的身心，不妨先將眼前雜亂無章的空間，改變成一個乾淨舒服的工作環境吧！不論是 WFH 或進辦公室，都可以試著打造看看屬於自己的小天地哦。

01 作者拍攝提供

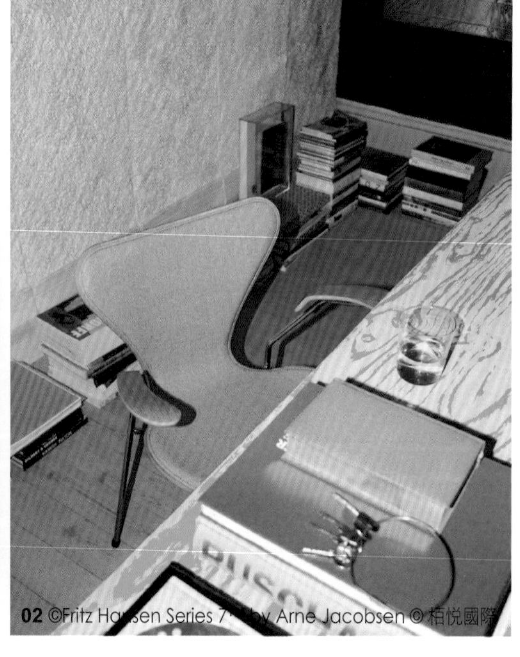

02 ©Fritz Hansen Series 7 by Arne Jacobsen © 柏悅國際

3. 打造你的第一件軟裝作品：「心中完美的家」

許多喜愛軟裝設計，或是學習軟裝課程的人，設計的第一個案子就是「自己的家」。有誰比你更了解這位「業主」的需求呢？曾經我的學生在畢業後沒多久，傳了一堆照片到我們的學員群組，原來是她改造自己的家大成功，忍不住跟同學們、老師一起分享這份喜悅，看這位同學，從未學過設計，工作也並非設計相關行業，卻能從無到有，把自己原本缺乏設計感的家，透過軟裝的方式，搖身一變成為心目中的夢幻之家，而且不需要透過任何的裝修、工程，這就是軟裝神奇的地方！

03 Fidaus Ramadhan on Unsplash 提供

另外，還有一個班的同學，是物業出租所有人，為了打造更吸引人的出租物件，就來學習軟裝是怎麼一回事，課後幾個月，也跟我分享了他們的「戰果」。經過軟裝手法的佈置、以及我所傳授的「軟裝八大元素」方式去搭配，成功打造出超級搶手的出租商品，價格也比原先更加成長，即便是相同的物件，有沒有佈置真的差很多！也會讓租客感受到，屋主對於這套房子的用心。

01 打造時髦的工作室，可以在牆面上貼壁紙或海報等各式各樣的素材。 **02** 工作空間可以更色彩繽紛一些！每天工作的活力來源也許就是這張 pink 的椅子呢。**03** 家，可以透過我們的雙手，慢慢創造出想要的畫面。

01 Beazy on Unsplash 提供

02 Space Joy on Unsplash 提供

03 Pruden Earl on Unsplash 提供

04 Billow926 on Unsplash 提供

01 玄關處開始就要營造美好氛圍，我很推薦放置一張玄關椅，穿、脫鞋都優雅。 **02** 喜歡到處旅遊收集海報、明信片或是愛創作？可以把它們掛滿一面牆。**03** 我們不一定要讓櫃子看起來很整齊，只要順眼就可以了。**04** 家中若有小朋友，玩具拿來當軟裝飾品最適合了，充滿童趣。

Chapter 2

軟裝美感培訓：軟式旅遊看設計

美感的培養與生活息息相關，更是一種感官體驗的累積。

我們打開敏銳和細膩的感知，

從旅程中的飯店、餐廳、商店發掘細節，

逐步培養自我的美學素養。

虎之門之丘的安達仕 Andaz Tokyo，是我在東京住過，有最多藝術品的酒店之一，這是她的香氛體驗室。

01 作者拍攝提供

1. HOTEL：集設計之大成的星級酒店住一回

對於室內設計師來說，若能設計一個五星級的酒店案，就表示設計能力受到認可，因為飯店必須設計規劃各種類型的空間，是非常複雜的。從「公共空間」開始：大廳、

01 作者拍攝提供

02 作者拍攝提供

03 作者拍攝提供

04 作者拍攝提供

01-02 座位區的竹製隔間，是邀請工匠職人手工製作的，媲美藝術。搭配同風格的家具，畫面有一種平靜的協調。**03-04** 餐廳內的大型藝術品與大吊燈，雖然材質本身不華麗，但因為尺度放大，使得空間大器又氣勢十足。

餐廳、咖啡廳、酒吧、健身房、泳池、商務中心、宴會廳，到「私密空間」：SPA 中心、更衣間、化妝室等，再進入到酒店房間：總統套房、行政套房、特色套房等等，每一處空間都需要費盡心思及設想周全，才能營造出令人難忘的住宿體驗，所以通常設計飯店的都是「大師」，如果功力不夠強，是做不出來的！

座椅、香氣、燈光，從飯店體驗感受何謂舒適生活

對我來說，飯店是我最喜歡的軟裝學習場所，出國旅遊時，我一定會安排一、兩間很厲害的五星級飯店入住，並且在裡面待上一整天，到處探險、發掘每個空間的設計。通常我會在深夜去看餐廳空間，因為在那個時間點已經都沒有人了，可以慢慢地欣賞、拍照。某次，入住上海文華東方時，就曾經當我晚上在餐廳裡閒晃時，遇到餐廳主管，她分享了許多設計的理念及細節，包含了現場所垂掛的布幔裝飾，居然是有名的錦緞與刺繡，這些都是意外的驚喜與收穫！同時，也別錯過酒吧、咖啡廳、麵包坊等，每個空間的家具、燈飾與色彩，都非常值得一看哦！

01 作者拍攝提供

02 作者拍攝提供

01-02 在 Andaz Tokyo 飯店，無論是軟裝的家具、燈飾、擺飾品、藝術品、植栽等，俯拾皆是風景。**03-05** 台北文華東方的節慶與藝術品佈置，一向都很精彩，我每年都會專程去看。**06-08** 在各種不同的空間（大廳、餐廳、貴賓室等）可以學習到各種配置手法，以及適合搭配的軟件。

03 作者拍攝提供
04 作者拍攝提供
05 作者拍攝提供
06 作者拍攝提供
07 作者拍攝提供
08 作者拍攝提供

另外，一個值得細細品味的地方，就是五星飯店的 SPA 中心，通常從進入到離開，至少會經過三個不同空間，首先是入口處的等待區，這裡會散發著濃郁香氣，迎接到訪的貴賓；接著，進入到包廂內的私密空間，常會用鮮花或飾品點綴，搭配輕柔音樂，讓人享受 SPA 療程；結束療程之後，一定會有一張極度柔軟的沙發或躺椅，溫暖低色溫的燈光、讓人徹底放鬆，這些其實都與軟裝的所有設計息息相關，包含我們身體所碰觸到的座椅、嗅覺的香氣、視覺的昏黃燈光，都會影響我們的五感，換句話說，軟裝就是打造舒適生活的關鍵。

令人難忘的星級五感體驗：

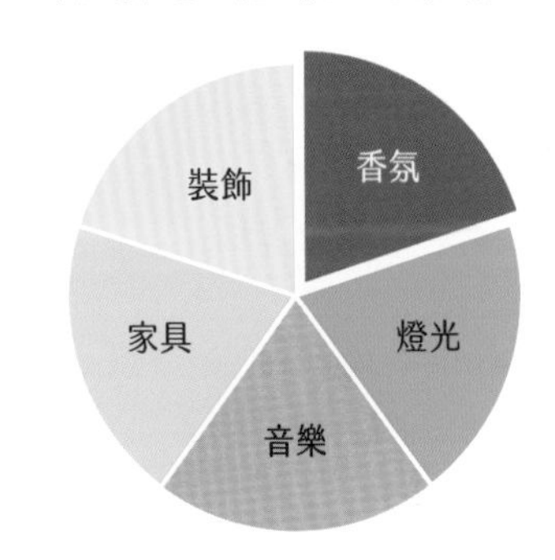

01 作者拍攝提供

02 作者拍攝提供

01 以簡單的同色系飾品搭配房間內的家具。**02** 以強烈的牆壁顏色，搭配彩色地毯，營造出明亮輕快的節奏。

將飯店房間搬回家

來到飯店房間內，家具即是空間的重點之一。家具的選擇，除了造型是第一要素，質感、色彩也相當重要，所以除了挑選品牌之外，選用的布料、觸感、顏色，都需要互相搭配。床鋪大部分會選用舒適的棉質，沙發或單椅常使用較厚實的布料或是耐用的皮革，而絲綢類的布料會運用在抱枕上，當我們碰觸到它時，不僅能感受滑順的手感，單獨擺放在沙發或床鋪上時，也會有閃亮緞面的高級質感，成為訪客的目光焦點。

其次，是房間內選用的飾品及藝術品。最常見的掛畫，可以為較樸素的室內空間快速增添色彩及趣味性，使用於一般房型內的通常是裝飾畫，大概只有總統套房等級的才會使用價格不菲的藝術畫作；而常見的擺飾，如書籍、花器、雕塑品等，都可以增加空間的層次感、視覺的豐富感，且可以與室內空間的風格相互呼應，是軟裝當中最常使用到的元素。

為了襯托起前面提到的這些要素，燈光是重要的幕後功臣。一般人在房間內的時間，有很大比例是在夜晚，光線亮起後，會讓室內所有物件蒙上一層柔和的暈光 ，所有軟件會更加柔軟，這也是為何人們總覺得飯店房間很舒服，因為燈光的營造與一般住家是不同的，大部分的住家，都以明亮為主要訴求，而飯店是以氣氛為主，照明為輔。

若想在家中營造營造出柔和、溫暖的光線，又不想更動裝修或天花板的話，建議挑選活動式的燈飾，各種風格跟造型都有，舉例來說，客廳很適合在沙發旁或是牆角擺放一盞落地燈，有時候夜間不需要太大量的照明，窩在沙發上追劇時，可以只開一、兩盞立燈；另外如果玄關有端景櫃或是檯面，也可以放一盞桌燈，就能打造像美劇主角，一回家就有一盞溫暖的燈光迎接自己，記得燈泡要選擇 4000K 以下的瓦數，光線才不會太過於死白。餐桌上方適合偏黃的吊燈，會讓食物看起來更美味；臥室可以在床頭櫃放一盞小桌燈，入夜後至就寢前，將主要照明關閉，只點亮床頭燈，溫暖的燈光能讓身體自然而然放鬆，眼睛也可以適度的休息，幫助稍後入睡更順利。

飯店佈置神複製

重點	注意要素	佈置密技
家具	造型、質感、色彩	床：棉質 沙發：厚實布料、耐用皮革 抱枕：緞面絲綢材質
飾品 / 藝術品	掛畫、擺飾	掛畫：裝飾畫或藝術畫作 擺飾：書籍、雕塑品、花器
燈光	柔和溫暖的暈光	玄關：4000K 瓦以下桌燈 客廳：活動式燈飾、落地燈 餐廳：黃光吊燈 臥室：床頭桌燈

飯店大廳擷取風格與靈感

01 作者拍攝提供

最後一個焦點在哪？無論入住幾日，去過哪些樓層，所有人一定都會到訪的空間，就是飯店大廳！這裡是整間飯店最重要的地方、品牌的理念核心、設計師的特色與精神、都會呈現在此處。我們可以從兩個不同的角度切入，首先看設計風格，設計者通常會大廳空間展現其個人特色，再來是當地文化，藉由融合飯店的精神或當地文化，營造出既奢華又接地氣的設計，例如「W HOTEL」或「文華東方」，這兩個品牌在全球各大城市都有插旗，W HOTEL 的特色是融合當地文化，又保留品牌原有的活潑繽紛，呈現出時尚、年輕的氛圍。文華東方則是以典雅的東方風格為招牌，不論在哪個城市，總能打造出低調奢華的質感，甚至搭配量身打造的品牌香氛，讓人在一進入到大廳時，便能嗅到熟悉的香味。

02 作者拍攝提供

01-02 各種風格的飯店大廳。**03** 商店街的餐飲區，越來越重視軟裝佈置。**04** 餐廳的燈飾與掛畫是亮點。**05** 鮮花增添空間色彩。**06** 一盞好的吊燈勝過許多華麗的裝修。

03 作者拍攝提供

04 作者拍攝提供

05 作者拍攝提供

06 作者拍攝提供

2. Restaurant：到餐廳享受美食也要飽覽設計

「餐廳」是極度依賴室內裝修的空間，比起住家、酒店，通常裝修所花費的預算比例會比軟裝還高，由於大部分餐廳的裝潢都很有特色，所以軟裝要夠強大，才能跟硬裝相得益彰，假如裝潢得很漂亮，家具或燈飾很弱，效果就會大打折扣了。

料理與空間的完美關係

餐廳通常會利用空間設計很明確地告訴大家，自己是賣什麼料理的，而料理種類與室內風格會有很直接的表現，舉例來說，日本料理的空間風格，有很明顯的日式文化元素，並且通常是偏向傳統的，如和服上的圖騰、燈籠、櫻花等；法式餐廳則會呈現出古典風格，如水晶燈、紅地毯、巴洛克式的餐椅；粵式中餐廳則常會有華麗的圓桌包廂、中式的黑、金、紅等配色。

01 作者拍攝提供

02 作者拍攝提供

03 作者拍攝提供

04 作者拍攝提供

01-03 餐廳常見的軟裝元素：燈飾、花藝、掛畫。**04** 米蘭餐廳內的掛畫與花藝搭配壁燈，簡單點綴就能讓室內更豐富。

咖啡廳或甜點店也是需要大量軟裝佈置的類型，咖啡廳最喜歡擺飾的物品有書籍、相片、裝飾畫等，連鎖的品牌如星巴克，還會在某些旗艦店，搭配藝術品來做為裝飾；甜點店則喜歡營造適合拍照的空間，比起花重金裝潢，更適合應用花藝、燈飾、擺飾品來佈置得美美的，讓客人拍照打卡，達到免費宣傳的效果。

餐廳軟裝設計技巧

餐廳類型	風格重點	軟裝元素
日本料理	日式文化元素	和服上的圖騰、燈籠、櫻花
法式餐廳	古典風格	水晶燈、紅地毯、巴洛克式的餐椅
粵式中餐廳	中式元素	華麗圓桌包廂、黑色、金色、紅色元素
咖啡廳	文青、藝術	書籍、相片、裝飾畫、藝術品
甜點店	適合拍照的場景	花藝、燈飾、擺飾品

輕裝修，省預算

大部分的餐廳，都是租賃居多，面對房東年年漲租金的情況，如果想搬家，通常又得再花錢重新設計及裝修，而即使不搬家，裝修也會因為時間流逝、年代變遷，而有老舊、退流行的情況。最好的方式就是用「輕裝修、重軟裝」的方式來打造一家店，若將木作、金屬、鐵工等裝修的比例降低，將預算轉移至塗料、壁紙等材料上，預算可以節省許多，而且過幾年如果看膩了，想換個顏色或圖案，不需要再停業好幾天來重新裝潢，甚至可以換掉店內舊的餐桌椅，不但省時、省錢又便利。

我很推薦將商業空間的軟裝元素，應用至居家或是個人的店面、工作室，將原本空白的牆面，加上一些點綴，無論是佈置上掛畫、海報、相框照片、攝影類的平面作品，甚至是餐盤、大型絲巾、布條等，都能為室內增添很多色彩及氣氛；另外，在特殊的日子時，可以買鮮花來佈置室內，例如我自己在情人節、聖誕節、過年，或是家人生日，都會插上不同的花，除了視覺享受之外，更有節慶氣氛哦！

3. Boutique：流行趨勢與時尚裝飾

逛街也是一門美學培訓

逛街絕對是最棒的學習軟裝方式！尤其一定要逛百貨公司的精品品牌，如 Hermès、Louis Vuitton、Gucci、Versace 等，他們都有自己的家具家飾品牌，所以店內除了展示服飾、包包等精品之外，還會結合軟裝元素，從家具、燈飾、擺飾品陳列、季節櫥窗佈置等，都是最新流行的設計，即使個人不是名牌愛好者，也一定要多吸收設計資訊及當季趨勢。

01 作者拍攝提供

02 作者拍攝提供

03 作者拍攝提供

04 作者拍攝提供

05 作者拍攝提供

06 作者拍攝提供

01-02 位於羅馬的 FENDI 旗艦店，店內有許多與當代藝術家合作的作品，還有 FENDI 的各種家具燈飾搭配，極為好看。**03-04** 美麗的櫥窗與商店陳列，隨著季節更換，是很好的靈感來源。**05-06** Louis Vuitton 每一季的櫥窗設計都非常美，也時常與當代藝術家或潮流藝術合作。

01 作者拍攝提供

02 作者拍攝提供

03 作者拍攝提供

04 作者拍攝提供

05 作者拍攝提供

01-03 前衛的裝置藝術、多變的彩色擺飾、古典或時尚都可以成為一種新的詮釋。**04-05** 米蘭的MONCLER，店內就像巨型的華麗溫室，地面及牆壁都是做工精緻的馬賽克磚，整間店質感超級好。

01 作者拍攝提供

01 在其他國家的城市逛街時，往往能遇見驚喜、夢幻場景。**02** Paul Smith 是結合服飾與 Decoration 的品牌。**03** Paul Smith 店內充滿軟裝元素，掛畫、書籍、擺飾品、香氛。

02 作者拍攝提供

03 作者拍攝提供

01 作者拍攝提供

02 作者拍攝提供

03 作者拍攝提供

04 作者拍攝提供

05 作者拍攝提供

01-02 家具店、選品店，都是軟裝師必逛，認識越多品牌與設計，對於創作及搭配很有幫助。**03-04** 進口家具、家飾店的陳列與搭配，是學習軟裝的好地方。**05** 選品店常結合各種商品，如家具、飾品、日用品、文書用品等，可以發掘許多有趣的小東西，是我很喜歡的場所。**06** 商店佈置是一門藝術。

另外，還有居家用品的樓層，也一定不要錯過，例如寢具區，可以看到當季流行的印花、色系，以及床鋪的陳列方式；認識各種餐瓷器皿，就能知道不同品牌的餐具，適合什麼類型的設計風格，還能順便找到餐桌的佈置靈感；此外還有許多擺飾品牌如水晶、陶藝、瓷器等等，都是軟裝設計中不可或缺的小物件，想打造出個人特色及生活風格，都得靠這些擺飾品來營造哦！

06 作者拍攝提供

時下流行的選品店有很多精采的品牌，這些店家通常會販售很多種類的商品，從文具、服飾、擺飾品、小植栽到生活雜貨都有，並且會陳列出具有獨特風格的生活感，因為帶有一股文青氣息，所以受到許多年輕族群的喜愛。在我們自己的家中，也可以嘗試用選品店的方式去陳列佈置，多逛街刺激自己的官感，才能創造出新的設計火花。

01 作者拍攝提供

02 作者拍攝提供

從逛街啟發軟裝靈感

必逛類型	注意重點	軟裝元素
精品品牌	當季趨勢、設計資訊	家具、燈飾、擺飾品陳列、季節櫥窗佈置
家居用品	當季趨勢、陳列技巧	印花、色彩、餐桌擺飾、餐瓷器皿
選品店	獨特生活感，陳列方式	文具、擺飾、生活雜貨、植栽

提昇美學經驗值

若對軟裝想要有更深入的認識，市面上有很多國際＆在地品牌的家具店、燈飾店，都是很棒的學習場所，大部分經典品牌在台灣都有代理商，如義大利的 B&B Italia、Minotti、Cassina、Poltrona Frau，法國的 Ligne Roset、北歐的 Artek、Virta、Fritz Hansen、iittala 等，都有門市可以去逛，不僅可以看到完整的軟裝陳列，還可預約專人導覽、介紹產品，不定期還會有品牌活動，幸運的話還能遇到設計師本人，分享設計理念及交流，這些都是很棒的體驗，能夠增加很多美學經驗值！

「美學」，並非某個大學科系，或是學校的一門科目，我認為美學需要透過生活體驗、大量訪展、以及各種經驗的累積及堆疊，如異國旅行，吸收不同國家的文化；看電影、電視劇，有強大的美術場景與想無限像；閱讀雜誌書籍等，再透過個人風格及生活品味，來呈現出的一種態度，並且透過設計的方式，帶給人們幸福、美好的感受，應該就可以稱之為「美學」了吧 ！

01 從精品店尋找最新流行色彩與陳列靈感。**02** 銀座的蔦屋書店，有最熱門的藝術品、最新的設計書籍。

把商空靈感挹注居家

無論是飯店、餐廳、咖啡店、百貨公司，相信大家都有各自喜歡的場所，不知道大家有沒有去思考過，為什麼我們會喜歡這些地方呢？試著回想看看，你最喜歡的咖啡店，裡面有哪些元素呢？也許是座位很舒適，店內掛的畫很美，或者是室內的顏色搭配是你喜歡的。

試著尋找您喜歡的商業空間中的元素，並藉由以下五個能夠快速讓人耳目一新的軟裝小點子，來改造居家，完全不需裝修，也不用找設計師，自己就可以完成：

❶ 更換家具：挑一張自己心目中的理想好沙發吧！

❷ 變換顏色：幫某一面牆刷上不同的顏色，會有換了一個房間的神奇效果。

❸ 妝點牆面：如果牆壁很空，試著掛幅畫吧！海報、複製畫、照片都可以。

❹ 鋪上地毯：在客廳加一張地毯，就能為空間創造出層次感。

❺ 增添香氣：把香氛放在玄關、臥室、浴室等空間，營造不同氛圍。

嘗試去發掘自己喜愛的事物、元素有哪些？接著將它帶入到你的居家生活之中吧！

01 Ralph (Ravi) Kayden on Unsplash 提供

Chapter 3

軟裝設計的定義：軟裝運用在哪裡？

「軟裝」這個名詞，在最近幾年很紅，

也是十大搜尋關鍵字的名單之一。

大家有思考過為什麼軟裝突然變得這麼熱門？

軟裝又是從哪裡來的呢？

1. 軟裝（Decoration）從哪來？

01 Gigi on Unsplash 提供

02 Vaiz Ha - transmongolie-676 提供

「軟裝設計」的英文名稱為「Decoration」，直譯為中文的話，稱之為「裝飾設計」應該會比較貼切一些，但是亞洲地區普遍把它叫做軟裝，久而久之大家也就習慣這個稱呼了，所以，才產生許多「軟裝師」、「裝飾師」等職業名稱，也有人喜歡將軟裝稱之為「Décor」，其實都是相同的意思。

軟裝的由來，可以追溯到很久遠以前，連我們都不曾注意到。什麼？！原來軟裝概念的存在已經有一定的歷史了！若以藝術及文化歷史的角度來看的話，大致可以分為「東方」與「西方」兩種軟裝主流。

01-02 北京故宮內，可見完全對稱的建築、室內格局以及擺飾。**03-04** 中國建築上常見的神龍踏祥雲、麒麟等神獸，都與風水有關。**05** 中式的佈置風格，由宮廷流行至王公貴族，官宦人家，再至一般老百姓，時至今日。**06** 龜鶴齊壽，龜在傳說中為四靈之一，與鶴都被視為長壽之象徵。**07** 在過去，骨董字畫賞玩，是富貴人家的休閒嗜好。**08** 中式建築的室內格局，上至家具，下至擺飾，一進一室皆有其對稱性及佈局的手法。

03 Bernd Dittrich on Unsplash 提供

04 Yux Xiang on Unsplash 提供

雍容華貴的東方軟裝

東方的軟裝：大部分的裝飾風格都是從「宮廷」流傳出來的。在古代，無論哪個國家，「佈置與擺飾」都是皇宮貴族們的家中才會出現的，換句話說，就是有錢有閒的人，才會去玩軟裝，一般平民百姓為了三餐溫飽，都已經非常辛苦了，哪裡還有閒情逸致佈置？在亞洲眾多國家中，中國宮廷是最有特色之一的，歷經了幾千年的朝代更迭，與各種不同的種族、文化融合，展現出獨樹一幟的裝飾美學。而在紫禁城內，可見當代最雍容華貴的樣貌，無論是建築、室內格局、軟裝擺飾等，都非常精彩。

05 Alexandre Valdivia on Unsplash 提供

06 叶溶 湘梧桐 提供

07 Phix Nguyen on Unsplash 提供

08 Zhang Kaiyv on Unsplash 提供

在中式的室內佈置，有三大元素：「對稱」、「色彩」、「風水」。

首先是「對稱」，我們可以從建築上很清楚的看見，古代建築幾乎都是完全對稱的，這反映了中國文化的中庸思想，以及對於自然平衡的追求，所以室內的格局與佈置，也幾乎是對稱式的，到處可見左右一對的花瓶、成雙的燈燭、成對的吉祥物。

再者是「色彩」，古代對於階級制度，有非常嚴格的規定及限制，每個階級有專屬的服裝顏色，室內的陳設也相同，例如寶藍色在宮廷內，就屬於某個階級以上的貴妃才能使用；黃色則是只有皇帝才能使用，所以我們能在皇后的寢宮內，看到藍色的布幔、靠枕等，而在皇上的書房，可以看到金黃色的緞面製成的布簾。

01 Oriento on Unsplash 提供

02 Oriento on Unsplash 提供

03 Oriento on Unsplash 提供

04 Oriento on Unsplash 提供

01-03 薰香、飲茶等文化也對中式軟裝的影響很深。**04** 中式佈置風格有著「留白的藝術」。

最後一項「風水」，幾乎是亞洲人都很在意的一個元素，攸關於居住者的運勢和能量。從圖片中我們可以看到，宮殿內有一隻鶴站立於龜上，古代的中國、日本、朝鮮等都將「鶴」視為長壽、吉祥、高雅的象徵，而「龜」本來就是長壽的動物，故有「龜鶴延年」的含意。另外在皇帝的書房中，可以看到有一對麒麟，「麒麟」性情溫和、仁慈，傳說還能化解凶煞，是祥瑞、吉祥神獸，麒麟常被民間比喻為傑出之人，品德高尚、地位崇高，這一對麒麟放置於書房中，象徵太平盛世、皇帝長壽。

時至今日，不論是雜誌或網路上，都可以看到中式風格的「對稱」與「色彩」元素；許多董事長的書桌上還會擺著「蟾蜍咬錢幣」，「招財紫水晶」等，像這類將風水與擺飾品結合的例子有很多，都是從古代就流傳下來的習慣，算算距今已有 300 多年的歷史囉。

奢華高雅的西方軟裝

西方的軟裝：普遍認為最有指標性的是法國宮廷。雖然歐洲有許多國家及皇室，但大眾公認最華麗的宮殿還是路易十四與他所興建的「凡爾賽宮」（Versailles）。這段歷史可追溯至皇室貴族們尚未住進凡爾賽宮之前，原本他們所居住的地方是現在的「羅浮宮」，當時的國王—路易十四認為羅浮宮老舊又小，不夠氣派，所以大舉將皇室們搬遷至市郊的凡爾賽，並且開始大興土木，將原有的建築、花園都擴建，室內也裝飾得絢麗又奢華，因此，耳熟能詳的「巴洛克」（Barocco）式風格也因而誕生。到了末代國王—路易十六時期，因為瑪莉皇后的喜好，還加入了帶有甜美浪漫風格的「洛可可」（Rococo）式風格，由於凡爾賽宮那金碧輝煌的風格太過耀眼，在歐洲各國引發了轟動，17~18世紀時，俄羅斯、瑞典、德國、奧地利等歐洲大國的君王紛紛倣效，造成一股修建皇宮的風潮。

01 作者拍攝提供

01 巴黎處處可見巴洛克時期的華麗建築 大部分建築為對稱型外觀。

01 Myrabella Wikimedia Commons 提供

02 Anatasia Saldatava on Unsplash 提供

03 Cabinet_dore_Marie-Antoinette_Versailles 提供

04 Amy Leigh Barnard on Unsplash 提供

巴洛克與洛可可式的裝飾風格，演變至今就是我們常聽到的「古典風格」，代表的元素有巴洛克式家具、緹花壁紙 / 地毯 / 布幔、水晶燈、鏡子等。這些元素逐漸由皇宮風靡至貴族，再由貴族流傳到富人之間，最後流行到平民百姓，並慢慢帶到歐洲以外的國家，美洲、大洋洲，甚至亞洲等，西洋式的裝飾、佈置，也就演變為我們口中的軟裝了。

01 凡爾賽宮內最大的「鏡廳」奠定了古典風格華麗的定義。**02** 約 100 年的貴族府邸，從前的貧富差距大，只有王公貴族才有閒錢佈置家中。**03** 凡爾賽宮內有許多房間，以不同色系設計，可看出當時貴族的喜好與流行。**04** 餐廳上方佈置大型水晶吊燈，這樣的概念至今仍為我們所沿用。

01 Sara Darcaj on Unsplash 提供

02 作者拍攝提供

01 這樣的場景，我們都不陌生，不就是婚宴會館嗎？ **02** 百年前的佈置風格及家具樣式，歷久彌新。**03** 百年前的工藝，歷久彌新。**04** 古典時期的掛畫模式，就如同現在牆上掛滿裝飾畫的模樣。**05** 裝飾風格影響許多領域，包含建築、藝術、服飾、以及現在的室內與軟裝設計。

03 William Krause on Unsplash 提供

04 Andrew Neel on Unsplash 提供

05 William Krause on Unsplash 提供

01 Yann Maignan on Unsplash 提供

02 Thai An on Unsplash 提供

03 R Architecture on Unsplash 提供

01 即使凡爾賽已落幕 300 年，我們還是可以在許多室內設計找到當時的影子。**02** 國人非常喜愛的新古典風格，承襲了巴洛克古典的大部分元素。**03** 如果只有建築物裝修好的空殼，而沒有家具及其他物件，是很難使用的。

2. 重新定義軟裝設計

介紹了軟裝的由來之後，接下來我們要來為「Decoration（軟裝）」，尋找字面上的解釋，在英文字典裡，「decoration」為名詞，指的是裝飾、裝飾物、裝飾品等；在法文中，「décoration」則有裝飾藝術、室內裝飾、或指某某裝飾等意義，主要指的都是以「後製」的方式來妝點室內空間，而非「施工或裝修」。

建築如人體，裝飾如造型

完整建造一棟建築物通常會歷經下面四個階段，若以人的身體來比喻：

❶ **結構**：如同人體的「骨骼」，所有建築物的架構，由建築師與結構技師，規劃建築外觀、計算載重、耐震、採光等，與安全相關的因素，幾乎都在這個階段決定。

❷ **內部管線**：如同人體的「血管與神經系統」，包含給排水、電氣、通風空調等，雖然這些管線都藏在建築結構內部，平常我們幾乎看不見，但是對於一棟建築物來說，這些幾乎決定了適居的要素，倘若某條管線塞住了，都是非常麻煩的事情，必須尋求水電技師來排除。

❸ **裝修**：如同人體的「外皮」，倘若一個人對於自己的基本條件不滿意，可以藉由醫美的方式來改變外在，例如將單眼皮割成雙眼皮，或是進行雷射淨斑手術消除雀斑等，這就好比在原有空間格局上，進行裝修工程，由室內設計師規劃設計，以木作、金屬、石材等非建築物本體的材質，來達成室內的格局劃分、空間修飾或是增加收納空間等行為，就稱為硬裝修。

❹ **裝飾**：如同一個人的「外在造型」，當建築進行完前三個階段之後，就是「軟裝」登場的時候了，舉例來說，長得很漂亮的美女，倘若打扮隨性，走在路上時，充其量就是位漂亮的路人；但如果經由造型師、美髮師、化妝師來打造，有了華麗的服飾、時髦的髮型、完美的妝容，加上珠寶首飾等點綴，馬上成為一位紅毯上的巨星。這就是軟裝設計師在空間內所擔任的角色，當一個空間已經完成前三個階段，我們才能夠以後製的方式，來妝點空間的美好，如果空間本身格局不佳、採光差、或是管線老舊、裝修破敗不堪，無論我們怎麼用軟裝的方式去裝飾空間，都不會有太大的成效；也就是說，軟裝必須建立在硬裝已經完成的空間之上，無論硬裝的程度是重裝修或是輕裝修，這點非常重要。

01 一棟建築物囊括了數個工程階段，最後一項軟裝完成之後才能住人。

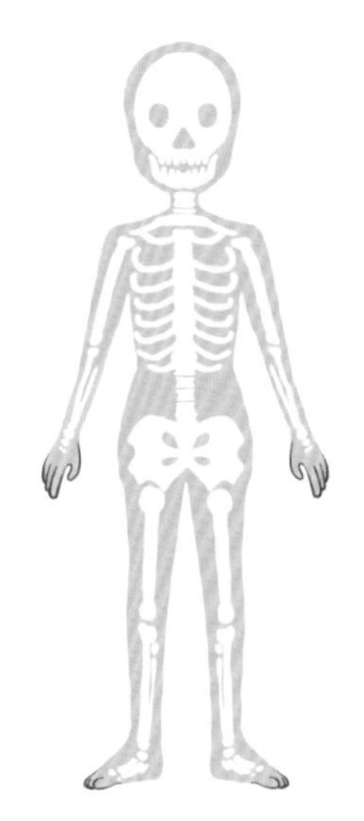

骨骼：
不可更動
的建築結構

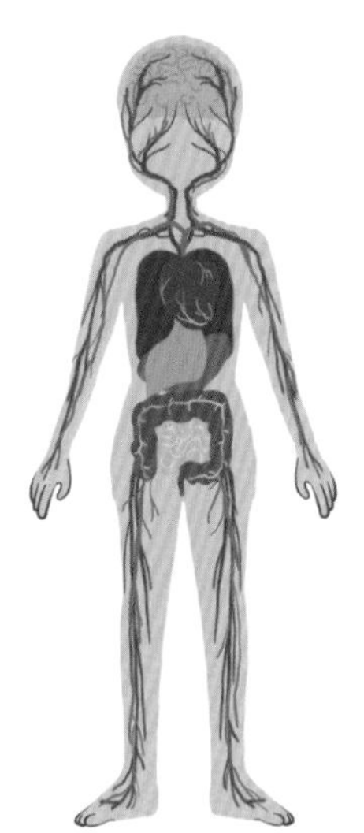

血管及神經系統：
水管、電氣迴路
等管線

外皮：
可透過整形手術
改變相當於硬裝修

外在造型：
髮型、服裝、首飾等
可更換的配件
相當於軟裝

01 Florian. Schmidinger on Unsplash 提供

3. 認識軟裝&硬裝的差異

許多人分不清楚，室內空間當中，哪些是硬裝？哪些是軟裝？這個章節就要來帶領大家，如何「看圖說故事」，分辨軟硬大作戰！

其實有個方法可以快速地區分軟硬裝，想像一間屋子是一個盒子，將盒子拿起，整個倒過來，會掉下來的東西，幾乎就是軟裝的一部分哦，例如桌子、椅子等家具，桌燈、立燈等燈飾，地毯、抱枕、窗簾等布料織品，放置在桌上的書籍、掛在牆上的鏡子等擺飾品，掛畫、雕塑等藝術品，還有花瓶、多肉植物等植栽……這些沒有固定在牆面上、地板、天花板的物件，組合起來就是軟裝的所有元素。相反地，裝修的東西是不會掉下來的，例如系統櫃、石材電視牆、木作天花板、木地板、磁磚、金屬隔柵等等都是屬於硬裝修的元素。

01 JPY Design x Guanpin Decorations Studio 提供

01 硬裝：裝修施工上去的，天花板、電視櫃、電視牆、沙發背牆木皮。軟裝：可活動的物品，家具、桌燈、窗簾、地毯、畫作、擺飾品。**02** 硬裝：書桌、層板、書櫃、木皮隔間、木地板。軟裝：椅子、書本、擺飾品。**03** 硬裝：櫃子、牆面木皮、崁在牆上的桌面、抽屜、臥榻的底座。軟裝：床架、床墊、椅子、抱枕、臥榻上的椅墊等。

02 JPY Design x Guanpin Decorations Studio 提供

03 JPY Design x Guanpin Decorations Studio 提供

軟裝包含……

- 佈置
- 擺飾
- 家具
- 色彩
- 香氛

當然這是比較簡化的說法，其他的軟裝要素還有色彩，例如牆壁、天花板的顏色、香氛氣味等五感的搭配，所以軟裝絕對不僅僅是「擺飾」或「佈置」這麼簡單而已，這是一門需要學習專業技巧，由各種物件相互搭配，透過時間與經驗的累積，所呈現出來的風格與生活態度。

好的作品一定要軟硬（裝）兼施，若只著重於其中一方，空間常會太生硬或是太虛弱，尤其執行軟裝，對於硬裝專業也要有相當的了解，否則很容易流於一般佈置，難於掌握裝修材質的結合，最後變成各作各的。

01 JPY Design x Guanpin Decorations Studio 提供

02Jason Leung on Unsplash 提供

03 作者拍攝提供

04 作者拍攝提供

05 作者拍攝提供

01 硬裝：天花板、天花板崁燈、電視牆、電視櫃、沙發背櫃、層板、層板燈。軟裝：沙發、茶几、餐桌、餐椅、窗簾、地毯、吊燈、掛畫、擺飾品、花藝植栽。**02** 硬裝：天花板格柵、格柵牆、地板、酒櫃。軟裝：吊燈、餐桌椅。**03** 硬裝：磚牆、書櫃、花磚地板、卡座座椅底座。軟裝：餐桌椅、卡座椅墊、鏡子、書本及擺飾品。**04** 硬裝：天花板、地板、書籍展示櫃。軟裝：桌椅、書本。**05** 硬裝：木作天花板、天花板崁燈、石材地板。軟裝：牆面壁紙、全部桌椅、編織藝術品。

01（Trendd on Unsplash 提供）簡潔的家具配置、擺飾與藝術品。

Chapter 4

軟裝設計
風格解析

舉凡關於空間規劃或設計，就一定會涉及到「風格」，
而這也是最容易為空間裝修設定出方向性的方法。
藉由解析十大主流風格，逐步了解關鍵元素和佈置手法，
再藉由揉合自己的喜好與個性，
就能創造出獨樹一幟的軟裝佈置技巧。

21 世紀十大主流

現代簡約風格	新古典風格	美式風格	北歐風格	鄉村風格
自然風格	工業風格	東方風格	灰階風格	異國風格

設計的風格非常多，很難在一個章節內介紹完全，所以這邊所列出的十個風格，是目前市面上較常使用，或是近年來大眾比較喜愛的風格。

❶ 俐落實用的現代簡約風格（Modern）

是目前市場上的主流之一。受到包浩斯、現代極簡主義設計影響，繁複的設計風格漸漸被簡約、實用性取代。室內空間較顯著的部分，其一是天花板的設計，相較於過往多層次、造型多樣的線板裝修，現代風格的天花板設計，大多只有一層間接燈光的層板、或是單純平釘式的表現。

◎ **關鍵元素：**樣式簡約的家具、擺飾品、當代藝術、黑白攝影。

01 作者拍攝提供

02 Alexandra Gonago on Unsplash 提供

03 Kam Idris on Unsplash 提供

04 JPY Design x Guanpin Decorations Studio 提供

01 以純粹的色調及造形簡約家具打造現代時尚氛圍。**02** 簡約風格中的物件，無論直線或弧線，線條都很單純。**03** 將擺飾品的數量降低，至僅留下最精華的部分，就能呈現出現代簡約的感覺。**04** 簡約風格中的物件，無論直線或弧線，線條都很單純。

Tips：軟裝上遇到簡約風格時，無論走的是黑白色調或是多彩搭配，都可以透過挑選線條簡單的家具、現代造型燈飾、或是金屬材質、或樣式單純的擺飾品，如玻璃製的花器、純銀的器皿等，藝術品可以選擇當代藝術畫作、或是黑白攝影等來呈現，避免使用造型複雜的物件，特別是家具。

01 Francisco De Legarreta on Unsplash 提供

02 Sidekix Media on Unsplash 提供

❷ 典雅細緻的新古典風格（Neoclassicism）

極受歡迎的風格，簡直歷久彌新 50 年！從我還沒踏入室內設計就開始盛行，到現在我入行超過 15 年了，還是有一票死忠的支持者。古典風之所以這麼受到歡迎，就是因為經典，且蘊含了深厚的美學，歷經歐洲千年以上的文化與歷史，才累積成這雋永的風格，甚至可說古典風從未被時代所淘汰，反而因為時間的淬鍊，變成更加迷人。

01 華麗的古典巴洛克風格。**02** 受歡迎的新古典風格。 **03-05** 選一張古典風格強烈的單椅就能營造出電影般的效果。

03 Klara Kulikova, Laura Cleffmann, Zhenyu Luo on Unsplash 提供

04 Klara Kulikova, Laura Cleffmann, Zhenyu Luo on Unsplash 提供

05 Klara Kulikova, Laura Cleffmann, Zhenyu Luo on Unsplash 提供

以前常遇到客戶將「古典」與「新古典」搞混，每當客戶委託我，說他們喜歡「古典風格」時，我都會拿出幾張照片問：您喜歡的是「這種古典風格」嗎？大部分的人都會被照片中真正的古典風格嚇到，事實上能做出純正古典風格的空間還真的不多，所以事前的溝通十分重要哦，幫助雙方釐清、確認風格，對於接下來的設計進行，會有效率得多。

「古典」與「新古典」其實是有所不同的，最早的古典風格（Classical style）起源，普遍被認為是由歐洲皇室開始，特別是從法國路易十四王朝金碧輝煌的凡爾賽宮將古

01 JPY Design x Guanpin Decorations Studio 提供

02 JPY Design x Guanpin Decorations Studio 提供

03 JPY Design x Guanpin Decorations Studio 提供

典風格發揚光大，之後還融合了英國維多利亞王朝的柔美細緻，以及宗教元素、神話故事等神秘色彩。整個歐洲無論建築、室內、裝飾、藝術、人文等各個領域，都能見到古典風格的作品，因為本身即帶有故事性，加上人文、歷史的融合，所以十分有戲劇性效果，但畢竟許多設計已經是三、四百年前所使用的風格，有許多繁複的工藝，逐漸失傳，加上複雜造型的許多事物，已不符合現代所需，所以經過了長時間的發展、改良，並結合當代的流行元素，才成為現在大家熟知、喜愛的「新古典風格」。

關鍵元素：法式家具、水晶燈、骨董風擺飾品、燭台、帶畫框的鏡子、希臘或羅馬雕像擺飾。

Tips：新古典很適合用較為浮誇的手法來展現，比起其他風格，可以擺更多飾品，牆上也可以掛滿古典畫作，搭配帶有印花圖案的壁紙及窗簾布，能夠快速營造出想要的新古典氛圍。

04 Collov Home Design on Unsplash 提供

01 受到國人喜愛的混搭式新古典。**02-03** 新古典風格的臥室是許多女性的最愛。**04** 美式風格常常會以白色的基底來呈現。

❸多元融合的美式風格（American）

沙發、沙發、沙發，是美式風格中最重要的元素！受到好萊塢電影、電視劇的影響，大部分的「現代美式」風格，幾乎隨處可見，例如：家家戶戶的客廳平面配置，通常都是沙發＋茶几＋電視牆這樣的套路，好像我們生活都是圍繞著沙發與電視似的，這點在歐洲與美國就有很大的不同，歐洲的客廳或起居室，不一定會有電視，現代的美式風格，離不開柔軟厚實的沙發，與多樣化的裝飾畫、飾品及藝術品。另一種美式風格是「古典美式」，可以在白宮、法院、歷史悠久的銀行等室內見到，與現代美式的差異，除了室內的裝修方式之外，使用的家具、燈飾、擺飾品、藝術品等也都有所不同。

還有一種很特別的美式風格，是我們常聽到的「普普風格」，靈感來自於普普藝術，大量重複使用的影像，活潑鮮明的色彩，是普普風的特色之一。軟裝的普普風格，可以使用家具來作表現重點，色彩飽和度的沙發、抱枕等、加上圖像輸出、掛畫、或是有圖樣的地毯等，都能夠讓人有強烈的視覺感受，很適合運用在商空或是設計旅店。

01 Dayanara Nacion on Unsplash 提供

02 Sidekix Media on Unsplash 提供

01 充滿復古風的美式。**02** 美式風格呈現，輕鬆休閒的明亮氛圍。**03** 普普風格的美式。

03 Eric Prouzet on Unsplash 提供

01 Yakira on Unsplash 提供

02 Space Joy on Unsplash 提供

有時也可以從經典品牌著手，如Charles Eames & Ray Eames（伊姆斯夫婦）所設計的家具，他們被譽為20世紀最偉大的設計師之一，兩人的經典作品如主人椅（Lounge Chair）、雲朵椅（La Chaise）等，50年來不僅受到博物館收藏，也常出現在電影、戲劇之中，著名的私宅「Eames House」，於1947年完成後，豎立了美式經典的作品典範，它幾乎可算是一棟鐵皮屋，室內完全是以軟裝、佈置、裝飾而成，除結構之外沒有多餘的裝修，這棟房子擺滿了他們的設計作品，猶如一個展廳，是很值得參考的現代美式經典風格。

◎關鍵元素：美式鉚釘沙發、美式拉扣沙發、風格鮮明的美式家居品牌皆可。

> **Tips：**美國本身就是一個文化大熔爐，所以如果想呈現美式風格，要先確定好是哪一種美式，再去挑選所有物件，例如街頭塗鴉的風格，也能做出現代美式的精神。

01 美式古典比較混搭花俏，與法式古典不同。**02** 古典美式臥室，華麗貴氣。**03** 完整將美式的元素都呈現出來：沙發、抱枕、桌燈、掛畫、飾品、壁爐等。**04** 之前有朋友為了打造北歐風，跑去 costco 買了一台 電子火爐！

03 Tile Merchant Ireland on Unsplash 提供

04 Jordan Bigelow on Unsplash

❹ 舒適療癒的北歐風格（Nordic）

時下最受歡迎的就是它！北歐舒適、療癒人心的精神出現在許多設計中，不只是家具、燈飾等，還有餐具食器、花器、織品等，與生活食衣住行相關的項目幾乎都有。斯堪地那維亞（通稱北歐）特殊的地理環境與自然景觀，寒冷的天氣及白茫茫的景致占了大部分的時間，所以北歐許多品牌所推出的商品，顏色都很鮮豔繽紛，造型則是取材大自然的元素，造就了許多經典的設計，如 Fritz Hansen 的蛋椅（Egg Chair）、Vitra 的球型椅（Ball Chair）、Louis Poulsen 的松果燈（PH Artichoke）、Marimekko 的印花布料等，都

01 JPY Design x Guanpin Decorations Studio 提供

相當受到大眾歡迎。不同於義式或法式的奢靡、華麗，所以不僅適合居家使用、設計旅店、民宿也都很適合。

在瑞典首都—斯德哥爾摩空間並不大，許多一般民眾的住所，只有 1 房 1 廳，或 1 房 2 廳，而且衛浴都只有一間，它們的背景與台北的華廈差不多，坪數小、屋齡老（1930 年代），卻全都打造得十分舒適。重點是幾乎都是「零裝修」！北歐風的生活方式，就是透過「軟裝」來打造、佈置自己的家，這些案例不乏看到北歐的經典傢俱，平價的 IKEA 出現率也很高；運用這些簡單的軟裝手法，讓每個家都像雜誌一樣美！是不是很神奇呢？

02 Collov Home Design on Unsplash 提供

01 國人喜歡的北歐風格，大都是以白色背景＋木質家具居多。**02** 掌握北歐風格：乾淨的畫面、空氣感、綠色植物。

◎關鍵元素：木製家具、長毛地毯、皮草、經典北歐品牌 Fritz Hansen、Vitra、Artek、iittala、Marimekko、Lucie Kaas 等都有非常漂亮的單品。

Tips：如果想在自家打造北歐風格的氛圍，可選擇原木製的餐桌椅，鮮艷色彩的沙發、窗簾，造型簡單的餐具 ，若想再更到位一些，可以裝上還原度很高的的電子火爐，別忘記加一塊地毯！

01 Angelina on Unsplash 提供

02 ©Fritz Hansen Egg™ by Arne Jacobsen © 栢悅國際 提供

03 Eddy Brillard on Unsplash 提供

04 Spcaejoy on Unsplash 提供

05 Deborah Cortelazzi on Unsplash 提供

01 芬蘭、丹麥、瑞典等品牌以木質家具為主。**02** 許多療癒人心、歷久彌新的經典設計都來自於北歐的品牌。**03** 北歐風格代表了一種「享受生活」的態度，將日常用品也擺放得很美好。**04-05** 北歐設計其實有很多繽紛的色彩！不是都以白色居多哦。

01 Toa Heftiba on Unsplash 提供

01 即使在閣樓，透過軟裝手法佈置，享受「簡單生活就很幸福」的每日。**02** 回鄉下找阿嬤吧！看看阿嬤的花布沙發有多美。

02 Arno Smit on Unsplash 提供

❺ 恬適溫暖的鄉村風格（Rusticity）

常見的有美式鄉村及法式鄉村。美式的鄉村風格通常可以在美劇中看到，主角回到奶奶家，隨性寫意的屋內，好幾件不同花色的沙發混搭，也許有花布、格子布、加上很花俏的窗簾布，一旁的開放櫃上有著各種擺飾品：如相框、書本等，無秩序地堆放在一起，牆上也會掛著滿滿不同主題的圖畫。

相較於美式，法式鄉村的色彩和彩度就降低了許多，家具的樣式也大不同，法式座椅或燈飾，與巴洛克式的外型差不多，大都有貓腳，材質以原木色木頭，或是白色底漆較常見，大部分的室內都會有餐具櫃，展示著咖啡杯、盤子，或許還有一些看上去斑駁的銀器燭台等，更多一些古典的底蘊。

Tips：鄉村風格的家具，雖然以老舊樣式居多，但要注意美式與法式的設計差異，就連藤編椅的編織方式也有所不同，美式的花樣及顏色，會比法式更多樣，更鮮豔。

01 Becca Tapert on Unsplash 提供

02 Toa Heftiba on Unsplash 提供

03 Jordan Bigelow on Unsplash 提供

04 Paseidon on Unsplash 提供

05 Fuad Obasesan on Unsplash 提供

06 Lindsey Lamont on Unsplash 提供

01 鄉村風格的廚房，檯面是原木，而不是我們常用的人造石。**02** 美式鄉村風喜歡用印花布、格子布等不同花色來混搭，而且沙發都是胖嘟嘟的，擺飾品也常出現動物（如圖中的雞）、植物花朵等元素。**03** 藤編家具是鄉村風的常客。**04** 鄉村風格一定會有很大的餐櫃，用來展示杯盤器品等。**05** 法式鄉村用色通常比較質樸，家具型式與美式有很大的差異。**06** 南法的鄉村風格與北部又有不同的感覺，顏色比較陽光繽紛。

01 Spacejoy on Unsplash 提供

02 Sarah Khan on Unsplash 提供

03 Collov Home Design on Unsplash 提供

❻原始樸質的自然風格（Natural）

取材於自然，融合於自然。常有人將它與北歐風或鄉村風搞混，自然風格的特色在於材料的選擇，大部分都很原始，可以見到整塊原木製成的桌子、藤編的座椅、石頭製的擺飾，色彩的運用也會偏向大地色系，例如黑色、米色、灰色等，很適合度假中心、Villa、或是位於山上、海邊的別墅，特別是有大面自然窗景的室內，正好能將室外的景致與室內的風格相互呼應。

Tips：自然風格的軟裝，可以選用樸質的擺飾品，例如陶藝品、石器、木雕，家具避免使用金屬及塑料材質，織品部分如窗簾、地毯等，可以挑選棉、麻等面料。

關鍵元素：原始粗曠的木製家具、自然素材、作工不精緻的飾品、大地色系。

01 自然風格的空間氛圍十分紓壓。**02** 木頭、藤編材質是呈現自然風格的好選擇 **03** 自然風格的臥室顏色以明亮清淡為佳 **04** 自然風格的傢俱，有更粗曠的原木，或是原石等材質。**05** 草編類的配件也很適合自然風格。

04 Dayana Brooke on Unsplash 提供

05 Lydia Mailloux on Unsplash 提供

01 作者拍攝提供

02 Original BTC 提供

❼ 隨性粗獷的工業風格（Industrial）

粗曠又頹靡的後現代式表現，是工業風迷人之處。早期的工業風，表現手法偏向美式工業，如紅磚牆、破舊老沙發、斑駁地板、外露管線等等。由於早期國內鮮少這樣風格的空間出現，所以曾經蔚為風潮，充斥在餐廳、咖啡廳等空間，後來因為太氾濫，熱潮逐漸退去。

近幾年的工業風格，有了不同的詮釋，將現代、奢華，以誇飾手法，結合工業風的元素，揉合出新一代的工業風，因為視覺效果很驚人，所以也受到許多商業空間的喜愛，最著名的案例之一，就是位於米蘭的星巴克旗艦店，將傳統工業風重新詮釋，以咖啡烘焙工作坊為中心的巨型室內空間，可見到大量風管、銅管穿梭於室內空中，搭配仿古處理的金屬材質吧檯、以及原木質感的桌椅，目眩神迷的華麗工業風，一開幕立刻成為當地觀光熱點。

關鍵元素：金屬製品、粗曠家具、磚牆、清水模。

01 自然風格的餐廳在近年大受歡迎。**02** 金屬搭配玻璃質感的吊燈，很有工業革命時期的韻味。

03 HAO Design 提供

04 JPY Design x Guanpin Decorations Studio 提供

01 自然風格的餐廳在近年大受歡迎。**02** 金屬搭配玻璃質感的吊燈，很有工業革命時期的韻味。**03** 有時候工業風不一定要作滿整個室內，用一兩樣東西點綴，也能呈現出微工業風（金屬吊燈與高腳椅）。**04** 工業風的經典元素：金屬、磚牆、鐵皮、斑駁木頭。

Tips：想呈現當代工業風格，可以從挑選帶有金屬材質的家具、燈飾，牆面則可以選擇仿真質感的壁紙，不論磚牆、清水模、斑駁牆面，壁紙都能達成以上效果；另外一種選擇是藝術漆，以人工方式刷上特殊的紋路，比起一般油漆更有質感。

01 作者拍攝提供

02 作者拍攝提供

03 作者拍攝提供

04 作者拍攝提供

5 Spencer Davis on Unsplash 提供

1 餐廳的家具及吊燈數量較多，很適合粗曠的工業風格表現。**02** 咖啡烘焙坊常使用工業風格，
名的米蘭星巴克也是。**03-04** 深圳大排長龍的工業風餐廳，居然是吃中菜的！還有紙包雞呢 !**05**
代辦公室以工業風的金屬質感（天花板燈與桌椅），來做為主要視覺的呈現。

01 JPY Design x Guanpin Decorations Studio 提供

02 JPY Design x Guanpin Decorations Studio 提供

03 JPY Design 提供

04 Billy Jo Catbagan on Unsplash

❽ 深藏底蘊的東方風格（Oriental）

不同於歐、美的設計官感。對於西方國家來說，東方是充滿神秘的、異國的感受。這邊要特別注意的是，東方風格不等於中國風，而是指亞洲的文化或風格，除了中國之外，如印度、土耳其、日本等文化都涵蓋在內，帶有東方的風格。

時下流行的「禪風」、「侘寂」（日語：侘び寂び Wabi-sabi）等，都是東方風格的表現方式之一。有趣的是，日文的原意「侘」是「簡陋樸素的優雅之美」，而「寂」是「時間易逝和萬物無常」，兩者合在一起，有「不完美、不恆久、不完全」的意思，在設計上常以樸素、淡雅、甚至使用有點粗糙的質感來呈現，為的是追求一種自然的生活態度，這點與佛教文化中的三法印：無常、苦、空，所追求的理想雷同，或是與中國、日本詩詞中的眾多意境也不謀而合。

關鍵元素：中式、日式家具、東方味的擺飾品、緞面、絲綢等布料、燈籠。

01-02 喜歡工業風格嗎？可以試試牆壁上的金屬管線燈。**03** 現代辦公室以工業風的金屬質感（天花板燈與桌椅），來做為主要視覺的呈現。**04** 東方風格呈現出靜謐的畫面。

01 Daniel Chen on Unsplash 提供

02 JPY Design x Guanpin Decorations Studio 提供

01 結合中式「禪風」與日本「侘寂」，是時下很受歡迎的東方風格。**02** 國人很愛將東方與美式混搭，能泡茶又能在沙發上看電視。**03** 東方風格經典的標識：格柵。

03 作者拍攝提供

Tips：東方風格的元素相當多，較具體的物件如椅子、桌子，可直接從中式、日式的木製家具中，找到明顯的特徵；布製的燈籠、燈罩光源等可增加神秘感；緞面、絲綢等布料，則很適合用在抱枕或者家具的面料上；飾品也是東方風格的重點之一，帶有圖騰的擺飾、動物（例如馬）等雕塑、扇子、玉器、瓷器、銅器等等，都很好表現，若能再增加一些亞洲特有的花卉、植栽以及薰香，就非常完美。

01 Jason Wang on Unsplash 提供

02 Virender Singh on Unsplash 提供

03 Ali Moradi on Unsplash 提供

01 應用一點中式元素，例如水墨，東方味就很濃厚囉。**02** 西式的家具，透過空靈的陳列方式來詮釋東方風格。**03** 單純的黑白灰，搭配出有層次感的畫面。**04** 留白的畫面 + 搭配針葉系的植物 (例如針葉松)= 東方風格。

04 Collov Home Design on Unsplash 提供

❾ 沉穩雅緻的灰階風格（Grayscale）

又稱無彩色風格，帶有理性冷冽質感，是灰階風格給人的感覺。所謂的灰階，就是從室內裝修到軟裝規劃，大都以黑、白、灰等無彩色，來呈現的一種手法，都會中的豪宅常使用此風格，因為很適合表現豪華的感覺，大部分會出現全黑或全白的沙發，灰色系的窗簾或地毯等，搭配鍍鈦金屬或石材等裝修材。我個人在設計到灰階風格時，通常會加入金色的元素，比起全黑或全白，當金色的物件點綴在其中，立刻就有了低調奢華的效果，並且會幫室內增添一些視覺焦點，比較不會死板、單調。

01 R Architecture on Unsplash 提供

02 JPY Design x Guanpin Decorations Studio 提供

03 JPY Design x Guanpin Decorations Studio 提供

英國軟裝大師─Kelly Hoppen 就是一位擅長運用灰階的高手，她的作品中，有90% 幾乎都是黑、白、米色、象牙白等無彩色系。她厲害之處在於能運用各種不同的材質，來呈現出灰階的層次，無論是石材、金屬、木頭，布料織品、花藝、擺飾品等，高明的搭配，即使只有無彩色的元素，也能呈現出雍容華貴的室內氛圍。

關鍵元素：黑、白、灰。

Tips：黑、白、灰的物件很多，也很好表現，因為無彩色的東西放在一起，通常不會有太大的出錯機會，若想要有一點變化，可嘗試加入一點點有色彩的小東西，如掛毯、花藝等，或者木質、銀器、水晶類擺飾品，但要注意，不要同時使用，只要挑一種就好，以免材質太多導致風格被打亂了。

01 黑白灰配色的臥室，能讓人沉靜休息。**02** 灰階風格的居家，可用鮮花或燈飾，點綴空間色彩。**03** 有許多人喜歡白色的純粹，將它帶入居家風格。**04** 位於米蘭的 B&B Italia 總部，餐廳以黑椅白桌與巨型吊燈，搭配出現代感。 **05** Zaha Hadid 設計的 MAXXI 二十一世紀美術館，室內是純粹的黑白。

04 作者拍攝提供

05 作者拍攝提供

01 Alona Gross on Unsplash 提供

02 作者拍攝提供

03 Maria Orlova, Toa Heftiba on Unsplash 提供

04 Maria Orlova, Toa Heftiba on Unsplash 提供

01 白色系的飾品很好搭配。**02** 米蘭的文華東方，餐廳是一貫的黑白配色，讓人將目光焦點集中在美味的食物上。**03-04** 將藍色跟白色當成主角的地中海度假風。**05** 在杜拜或阿布達比，不管是飯店或餐廳，全都是鮮艷多彩的搭配。

❿ 獨具特色的異國風格（Exotic style）

05 Leoni Milano on Unsplash 提供

指的是那些擁有強烈國家文化特色，且一眼就可認出來的風格。例如日式風格，就如同和服一樣容易辨識，有著圖騰、印花等東洋色彩；摩洛哥風格有著色彩斑斕的圖騰牆、用色鮮豔，珊瑚紅、芥末黃、孔雀藍等，有北非特有的度假式風情；泰式風格熱情洋溢，室內外有大量的綠葉植栽，以及鮮豔如水果的色彩，搭配原木、藤製等家具，呈現出南洋風情；位於南歐的地中海風格，則有著大量海洋的元素，最明顯的就是濃郁的藍色和白色搭配，大量應用於建築、室內等各處，加上小石頭、瓷磚、貝類、玻璃片、玻璃珠等材料拼貼而成的馬賽克，讓色彩更為繽紛。除了上述常見的風格之外，還有更為強烈的如阿拉伯（中東、伊斯蘭風格）風格，有著大量色彩、幾何圖騰的具現化，材質金碧輝煌，融合了宗教信仰、人物、花卉、鳥獸等呈現，令人眼花撩亂是其特色所在。

Tips：各國文化都有其特色，例如波西米亞風，可以使用原石、原木、大量的藤編、草編等，營造出隨興寫意的生活風格，只要把握好風格，不要貪心地放入太多元素，異國風格是不難掌握的。

風格	關鍵元素	TIPS
現代簡約風格（Modern）	樣式簡約的家具、擺飾品、當代藝術、黑白攝影	線條結構簡單，樣式單純的家具或擺飾品，避免使用造型複雜的物件。
新古典風格（Neoclassicism）	法式家具、水晶燈、骨董風擺飾品、燭台、帶畫框的鏡子、希臘或羅馬雕像擺飾	浮誇手法展現，擺放古典畫作和飾品，搭配印花壁紙或窗簾。
美式風格（American）	鉚釘沙發、拉扣沙發、風格鮮明的美式家居品牌	確定好是現代美式、古典美式，或普普風格，再去挑選所有軟裝的物件。
北歐風格（Nordic）	木製家具、長毛地毯、皮草、經典北歐家居品牌	可選擇原木製的餐桌椅，鮮艷色彩的沙發、窗簾，造型簡單的餐具，搭配電子火爐和地毯。
鄉村風格（Rusticity）	泛舊的木製家具、藤編家具、大量的相框、咖啡杯盤	注意美式與法式的設計差異，美式的花樣及顏色，會比法式更多樣，更鮮豔。
自然風格（Natural）	原始粗曠的木製家具、自然素材、作工不精緻的飾品、大地色系	選用樸質的物件與面料，如陶藝品、石器、木雕、棉、麻等，避免金屬和塑料材質。
工業風格（Industrial）	金屬製品、粗曠家具、磚牆、清水模	挑選帶有金屬材質的家具、燈飾，牆面，搭配仿真質感的壁紙或特殊紋路的藝術漆。
東方風格（Oriental）	中式、日式家具、東方味的擺飾品、緞面絲綢布料、燈籠	採用中式或日式木製家具，結合布面燈罩、絲綢或緞面抱枕，再添加亞洲圖騰飾品和花卉植栽。
灰階風格（Grayscale）	黑、白、灰	做出灰階的變化，可以試著加入有色彩的小物，或木質、水晶、銀器等，創造出層次感。
異國風格（Exotic style）	根據不同國度，選擇具有當地文化特色的物件	把握好各國文化的特色，不要貪心地放入太多元素。

01 Jason Briscoe on Unsplash 提供

02 Andrea Davis on Unsplash 提供

01- 02 許多店家都有「網美牆」。

⑪ PLUS：新興的流行風格

A：搶眼吸睛的網美風格（IG Style）：其實這個名稱是我自己取的啦！所謂的網美風格，就是指那些充斥在網路社群媒體，許多人熱愛拍照打卡的店家裝潢，共通點是有著明顯標的物，讓人一眼就能認出是哪家店，還有吸引人的拍照空間、背景牆等。

Tips：如果想打造網美名店，可以嘗試用鮮豔的彩色牆面，油漆塗色、或是帶有圖騰花樣的壁紙，都可以造出一面適合拍照的網美牆；大型的擺飾品、或是巨大的吊燈等，也很吸睛，最好是讓人能夠一眼認出，照片的地點在哪，當越多人拍照打卡、透過網路達到宣傳行銷的效果就越好 ！

B：創意玩味的混搭風格（Remix Style）：混搭其實是一件很好玩的事，就像時裝周的街拍達人，他們身上往往會混搭許多品牌，或者是將新舊單品揉合，穿出屬於自己的風格及品味。軟裝也可以玩混搭，例如客廳的家具，可以挑選不同品牌的沙發來搭配，桌几與茶几等，不一定要成套。新舊混合也是國外很受歡迎的手法，例如骨董椅搭新沙發，這樣的衝突美也很特別；餐廳的餐桌椅是最容易上手的混搭區，可以挑選 4~6 張完全不同樣式的椅子來搭配，如果你是像我一樣有選擇困難的人，喜歡的椅子太多，乾脆每一種都買，比起四張完全相同的餐椅，混搭更加有趣得多！

Tips：混搭時盡量不要超過兩種以上的風格，以免過於混亂。

01 Spacejo, Yife Wong on Unsplash 提供

01-02 將餐桌椅 & 花器用不同款式搭配。**03** 混搭自然風格的木質家具、美式沙發、輕奢風茶几、波斯地毯，畫面十分協調。**04** 混搭可展現個人風格特色。

02 Spacejo, Yife Wong on Unsplash 提供

03 Spacejo, Yife Wong on Unsplash 提供

04 Spacejoy on Unsplash 提供

01（Amnada Vick on Unsplash 提供）法式風格的座椅，單純擺著就很有浪漫氣氛。

Chapter 5

軟裝設計的構成：八大元素

軟裝設計其實涵蓋非常多項目，可以講三天三夜也說不完，
接下來這一篇，可以說是本書最精華的重點，
也就是所有軟裝的構成：「軟裝八大元素」。
我將這些繁雜的項目，有條理及邏輯性地分類，
並自創了軟裝八大元素，也是我認為好用又好記的一套心法。
各位不必去死背它，因為當你把這篇看完之後，
想忘大概也忘不掉囉。

1. 空間中的主角－家具

在前面第一章就曾經提到，任何空間都必須有家具的存在，才有辦法使用。而家具更是擔當一個空間的主角，它的工作就是在這裡表演；客廳的主角是沙發、餐廳的主角是餐桌椅、臥室的主角是床鋪、書房的主角是書桌，酒吧的主角可能是吧檯椅等，還有許多不同類型的空間，都有相對應的家具，它通常也是軟裝項目當中，體積最大的。

歐美重家具，台灣重裝修

通常在歐美的豪宅中，裝修往往不是室內的重點，這與我們亞洲的觀念有很大的落差。在台灣我們所認知的豪宅，通常是需具備華麗的裝修、昂貴的大理石電視牆、細緻的木作櫃子，以及各式各樣多層次的天花板。反觀許多國外知名的住宅，以曼哈頓中央公園特區的兩棟超高層住宅「53W53」及「432 Park Avenue」為例，室內的裝修都極簡到令人覺得不可思議，一戶要價上億元起台幣的豪宅，室內幾乎都是以素色牆面

01 作者拍攝提供

02 作者拍攝提供

來呈現精挑細選的室內家具及燈飾，或是透過藝術品及擺飾品的精心搭配，展現主人不凡的品味。

此外，我們也常常在電影或電視劇中看到，幾張經典的設計款家具，歷久不衰地走過 30 ～ 40 年的歷史，仍舊很受歡迎，甚至長年在「仿冒家具」排行榜前幾名，永遠都是那幾款沙發。好的家具可以讓人眼睛為之一亮，甚至可以讓原本很普通的一個空間，成為眾人目光焦點。最重要的是，家具是唯一在室內，真正與我們身體有實質接觸的物品喔！我們不會拿身體去貼在裝修得漂漂亮亮的牆面、或是一屁股坐在你家的大理石電視櫃上，但是一張漂亮又舒適的沙發，可以讓我們身體得到放鬆、心情也十分愉悅，視覺上又得到滿足，相同的模式，可以套用在家中的任何一件家具身上，倘若搭配得宜，更是大大地為室內的設計風格加分呢！

01 家具可以大膽玩色彩，讓室內有更多不同的風景。**02** 家具材質有許多選擇，近年也很流行這種透明的家具。**03** 戶外家具有很多特殊的造型，其實也可以用在室內哦。**04** 飯店常常可看到專門訂製的特殊家具。

03 作者拍攝提供

04 作者拍攝提供

01 作者拍攝提供

02 作者拍攝提供

03 JPY Design x Guanpin Decorations Studio 提供

體現空間風格的主角

家具的形式很多，通常大方向的分類會以國家及風格來做區分，舉例來說，大家比較常聽到的法國的巴洛克式家具、義大利的簡約家具、中國的明式家具、北歐設計的風格等，都各有特色，也有他們各自適合的空間。家具的發展與歷史、人文、藝術都有密不可分的關係，想進一步了解家具可以從中西洋藝術史著手。現代家具更是與品牌、時尚、流行並進，對時事的敏感度，及流行的關注度，絕對是軟裝設計師不可或缺的功課。

任何有人類活動的空間，家具就有其存在性的必要，如果沒有家具，空間便無法使用，就會像個藝廊或博物館。

01 沙發與茶几、單椅的搭配是很受歡迎的組合。**02** 經典的好設計，即使過 30 年也都不退流行，圖為 Carl Hansen & Søn 的 Y chair，由丹麥大師 Hans Wegne 設計。**03** 臥室主要的家具：床鋪、床頭櫃、化妝桌、床尾椅。**04** 有時候只需擺一張扶手椅，空間就很精彩

04 Jason Wang on Unsplash 提供

01 Original BTC 提供

2. 空間中的配角－燈飾

有了主角當然就要有配角，才能互相對戲，創造出更精彩的火花。這邊要特別注意的是，在軟裝設計中，我們所指的燈飾，並不是在燈光設計當中，用來做主要照明的，如日光燈或崁燈這些燈具，軟裝的燈飾通常是有造型，用來營造氣氛的「輔助照明」，也就是裝飾燈。

02 作者拍攝提供

03 作者拍攝提供

04 作者拍攝提供

01 居家使用頻率最高的餐桌吊燈，是為家中增加氣氛的好幫手。**02** 北歐經典的松果燈，是許多餐廳飯店的首選。**03** 商空的每一盞燈都掌握很重要的氣氛關鍵。**04** 華麗精緻的水晶燈，是古典風格中的代表精神，很適合飯店跟商空。

營造空間氛圍的神助手，六種燈飾這樣挑

軟裝常用的燈飾大約有下面六大類：

❶ 吸頂燈

燈具上方較平坦，安裝時底部完全貼合在天花板上，所以稱之為吸頂燈，造型多元，光線通常比較平均，在燈飾中比較常有機會，用來作為室內的主要照明。

❷ 吊燈

吊裝於天花板上之燈具，有支架及金屬鍊等不同方式吊掛，是在軟裝中最常拿來使用的燈飾，因為造型特別多，效果通常都很好，可應用於商業空間，例如餐廳，只要選一款吊燈，用三十盞掛滿整個室內，就能取代天花板的裝潢，立刻有很棒的效果！至於住家，如果為餐桌挑選一盞吊燈，用餐時就會很有氣氛；在客廳吊一盞水晶燈，立刻有華麗的感受。挑選吊燈時須注意室內高度，樓高偏低的室內不適合使用吊燈。

01 作者拍攝提供

02 作者拍攝提供

03 Louis Hansel on Unsplash 提供

04 Orignal BTC 提供

01 商業空間常常將同一盞燈大量重複地使用在一個空間中，呈現豐富的畫面。**02** 單純的將大量燈飾，與飾品及家具巧妙地搭配，呈現出融合的風格。**03** 商空中，大量的吊燈是很好搭配，也不容易失敗的軟裝元素。**04** 特殊材質或造型的燈飾，也是很好的裝飾物。

❸ 壁燈

固定於牆面上之燈具，富有營造氣氛及裝飾性功能，常用於床頭櫃、端景牆。如果是軟裝階段要使用壁燈，一定要注意牆面上是否有預留電源，如果裝修完成後才想安裝壁燈，通常會很麻煩，或是無法安裝哦！

❹ 桌燈

可放置於檯面上或桌面上之燈具，優點是方便，不須安裝及固定，可以依照心情或需求更換或移動。時下的桌燈造型多樣化、功能也越來越多，有些桌燈很適合做為擺飾品來使用，視覺上的功能大於照明功能，如果是單純當作擺飾通常沒什麼問題，但若是要當作照明使用，記得注意擺放位置的周邊，是否留有插座以供使用。

01（Original BTC 提供）桌燈是實用又兼具美觀的軟裝好物。

❺ 落地燈

又稱為立燈，通常放置於客廳沙發邊、或書房閱讀椅邊，置於地面可移動，不須固定，現在有些立燈設計會結合家具，有著不占空間又具設計感的優點。

❻ 裝飾燈

不屬於上方任何一種類之燈具，如聖誕樹的裝飾燈、服飾店的球燈等，這些燈通常有很大的彈性，可以隨意調整角度，或是依照需要混搭，優點是安裝便利、快速、效果好。

◎ **燈飾的應用小技巧：**切記一個空間盡量選用一種燈飾就好，例如客廳如果已經有吊燈，就不要再放大型立燈了，這樣會造成視覺上的不協調，簡單來說就是一山不容二虎的概念。另外燈飾也比較不適合風格混搭，選燈時要特別注意風格的掌握。

燈飾應用的 TIPS：

1. 選擇一種燈飾
2. 風格掌握
3. 協調性

01 作者拍攝提供

01 放置在地面的落地燈，有引導視覺的效果。**02** 在角落放落地燈，立刻有不同氛圍。

02 Beazy on Unsplash 提供

01 Minh Pham on Unsplash 提供

02 Original BTC 提供

03 Original BTC 提供

04 Beazy on Unsplash 提供

01 在客廳角落放一盞落地燈，多一些暖暖的光。**02-03** 燈飾混搭也可以有很棒的效果。**04** 床頭燈讓臥室多了一份溫暖。**05** 織品有軟化空間的效果。

3. 空間中的服飾與背景－紡織品

紡織品與人們生活息息相關，但我們在設計過程卻很常忽略它。對於軟裝設計師來說，紡織品就像衣服一樣重要，設計過程沒將織品考慮進去，就好像這個空間沒穿衣服，不能見人啊。

「紡織品」俗稱布料，在軟裝設計中扮演的角色，是「背景色」。

05 Harper Sunday on Unsplash 提供

不容小覷的紡織品角色

大家在 Deco 時，是否常忽略了，有著大面積的紡織品呢？其實紡織品在室內扮演了很重要的角色喔！也就是襯托所有物件的「背景」或是「底色」的功能。

當我們進入到一個空間時，視覺會自然地去捕捉到最大面積的色彩（例如：牆壁油漆的顏色、窗簾的圖案等），所以當空間中有色彩鮮艷的窗簾或壁紙時，很容易就能吸引人們的目光。布料也有相同的效果，所以許多抱枕的顏色，比起沙發或扶手椅的布料都更加繽紛。

那麼，紡織品有那些項目呢？

所謂的紡織品，泛指窗簾、壁紙、地毯、地墊、皮革等，不是只有布料喔，這是一項需求量非常大的產業，幾乎離不開我們的食衣住行，在國外其實每年都有大規模的紡織品展，我們身上的服裝、家中的寢具、窗簾、踏墊，用餐使用的餐巾、餐墊，以及日常使用的包包、手袋等，都是紡織品的一部份。

01 作者拍攝提供

02 作者拍攝提供

03 Designecologist on Unsplash 提供

04 Micheile Dot Com on Unsplash

05 Ben Ashby on Unsplash 提供

01 家具的布料、抱枕、地毯、蓋毯、衣服等，都屬於紡織品 **02** 布料的顏色、材質、織法，都會影響到呈現出來的模樣。**03** 壁紙、燈罩也都是紡織品哦！ **04-05** 抱枕柔軟、顏色豐富、花樣多變，很適合混搭。

空間的重要背景—窗簾

窗簾的種類樣式很多，它在軟裝中擔任非常重要的角色，因為布料在完全展開時，它所佔的視覺面積，是整個空間中最大的，不同於家具的立體感，窗簾的存在相當於一幅畫的底色，一個空間的背景。

常見的窗簾種類有以下七種：

❶ 布簾

是窗簾使用頻率最高的種類，一般居家常見的有雙開、單開、打折簾、蛇型簾等；固定方式有吊桿式、軌道式，軌道又分為手動及電動兩種，布簾的種類及顏色選擇很多，也是軟裝很重要的角色，它就像是一塊畫布，如果使用鮮豔的黃色，就會讓室內的背景色明亮活潑；相反地如果使用淺米色，室內的背景就會有柔和內斂的感覺。

01 Spacejoy on Unsplash 提供

02 Spacejoy on Unsplash 提供

我常常覺得很可惜，亞洲的室內設計師，在挑選布簾時，往往都偏保守，顏色幾乎都是灰色、米色等安全牌。國外有許多案例是使用活潑明亮的色調，如綠色、黃色、粉色等，它們所創造出的層次感，往往比起無彩色的窗簾效果好上許多，所以我常常鼓吹客戶，大膽地嘗試繽紛的色系，為生活增添多一些樂趣！

01 國內外的使用習慣大不同，外國喜歡讓布簾落地，布料拖越長感覺越華麗。**02** 布簾是最多居家使用的，遮光性良好，試著用色大膽一點吧！

01 Beazy on Unsplash 提供

❷ 紗簾

國內大多以一層布簾，搭配一層紗簾，布簾通常用來遮光，紗簾則用來遮醜，由於都市的窗景通常不是非常美觀，這時候就可以透過單層紗或柔紗簾，來營造出朦朧的美感，不僅兼具遮醜與透氣功用，還可以保留戶外的光線以及保有稍微隔熱的效果。有些空間如果不需要做到完全遮光的話，其實也可以單純只用紗簾，可以讓室內變得更柔和、浪漫。

❸ 調光簾

又稱為斑馬簾，是因為它很像路上的斑馬線，可不是因為長得像斑馬哦！調光簾不會浪費室內空間，可以完全掌控空間的規劃，還可以透過開啟的大小來控制光線進入室內的多寡，是許多現代風格及辦公空間的首選。

01 紗簾可以營造出柔美的光線。**02** 調光簾輕巧，適合小空間使用。

02 JPY Design x Guanpin Decorations Studio 提供

❹ 捲簾

在調光簾尚未問世之前，捲簾是使用頻率最高的一種窗簾，優點是價格低、安裝快速，使用空間量很小，常用在小型臥室或是辦公室，捲簾的缺點是側邊會有漏光的問題，所以如果要使用在視聽室或是會議室等需要完全遮光的空間，可以採用一層捲簾、一層布簾的雙層設計。

❺ 百葉簾

早期的百葉簾是鐵或金屬製，時間久了還會生鏽掉漆，而且常常一撞它就變形了。現在的百葉簾則大致有兩種，分別是木百葉及鋁百葉，鋁百葉使用在浴室不必擔心生鏽問題；木百葉近幾年很受歡迎，特別是白色木百葉，可以營造出慵懶休閒的生活氣氛，木百葉的開啟方式也有很多種，可做成拉門式或折門式，適合古典風、北歐風、自然風格等，受到大量軟裝愛好者的擁戴。

01 Afif Kusuma on Unsplash 提供

選擇窗簾的 TIPS：

1. 公共空間：布簾或百葉簾
2. 臥室：依風格決定
3. 小孩房 / 書房：捲簾、風琴簾

＊試著多方嘗試顏色和風格

01 百葉簾讓照進來的陽光，有多樣貌的變化。**02** 在歐洲大部分飯店裡都是羅馬簾。

❻ 蜂巢簾

由於側面的造型很像手風琴，又稱風琴簾，它特殊的工法設計，讓調光更加簡單，顛覆傳統只能上下拉，使用方式很彈性，它可以上下開啟，甚至它也可以左右開啟，停在中間等，特殊空氣層設計更能阻隔外部冷熱空氣。因為比起捲簾更為輕巧，且一樣不占空間，所以是許多小型住宅臥室的首選。

❼ 羅馬簾

歷史悠久的窗簾，在歐洲早期宮殿中就可見其蹤影，使用較厚實的布料以多折的形式製成，能緊貼合天花板，跟鄰近的羅馬簾也不會有互相碰撞，由於布料厚實，室外陽光無法進入室內，可以享受完全的光線控制，適合古典風格使用。

◎ **窗簾的應用小技巧**：客餐廳屬於公共空間較為開闊，適合較大器的布簾、或是百葉簾；臥室則可視風格來決定要用哪一種類的窗簾；小孩房或書房，考慮到安全及維護清潔，可以選用較為輕巧的捲簾或是風琴簾，無論使用什麼種類，都可以多方嘗試顏色及風格，因為窗簾是屬於更換便利的東西，可以不定時為居家轉換不同的風景。

02 Stephen Packwood on Unsplash 提供

具戲劇效果的畫作—壁紙 / 壁布

我很喜歡壁紙，它可以營造出戲劇效果，比起木作裝潢更快速，成本也較低，並且當幾年後看膩了，不需動到裝潢，直接更換一面壁紙就可以了。在規劃設計時，如果沒有靈感，只要挑一面主牆留白，然後為它選一張圖案繽紛的壁紙貼上，你的軟裝就完成了，是不是很容易？現在市面上的壁紙種類很多，而且質感越來越逼真，有些歐洲品牌喜歡邀請不同業界的達人，如建築師、繪本家、藝術家等，來設計他們的壁紙，這些作品通常都非常漂亮，有些就像一幅美麗的畫，可以用在空間裡面擔任設計的主角；日本的室內特別喜歡使用壁紙，所以他們的樣式多到令人眼花撩亂，有完全與木皮一樣的、仿若清水模一般的、也有像磚牆的，甚至連凹凸質感、觸感都與真正的磚牆幾乎一樣，有了這麼方便又輕巧的材料，何必再用傳統裝修來敲敲打打呢？

01 壁紙豐富的圖案，很適合拿來當主題牆。**02** 以壁紙裝修牆面，是不錯的裝飾方式。

01 Nicole Bushuven on Unsplash 提供

02 Thanos Pal on Unsplash 提供

壁布的使用方式會比較繁複一些，它必須配合室內的硬裝修來施作，但它可營造出一種高級感，飯店就很常使用到壁布，取代一般的油漆牆面，尤其是絲綢類的壁布，帶有光澤及極佳的觸感，不妨留一面牆試試看壁布，讓整體的軟裝更有質感。

◎ **壁紙 / 壁布的應用小技巧**：台灣屬於比較潮濕的環境，若想貼壁紙的話，盡量選擇較為乾燥的牆面，或是挑選現在市面上防霉材質的壁紙，但如果牆壁的背面是浴室，就不適合貼壁紙，容易受潮變質； 壁布通常需要與硬裝修搭配施作，所以如果想使用壁布，記得要提前討論，做好前置作業。

01 Collov Home Design on Unsplash 提供

壁紙 / 壁布應用 TIPS：

1. 乾燥牆面
2. 防霉材質
3. 壁布要搭配硬裝修施作

01 有防水功能的壁紙，浴室也可以很美。**02** 地毯可以串聯起所有的家具，就像是調色盤一樣。**03** 華麗的地毯，在室內彷若一幅畫。

軟化氛圍的媒介—地毯 / 地墊

大家對於地毯通常都不陌生，辦公室的方塊地毯、電影院的紅地毯、飯店裡的印花地毯等等，它豐富的材質，讓我們在行走觸碰時，多了一層柔軟，同時也軟化了整個室內，作為空間的另一種媒介。居家的地毯不僅有裝飾的功能，讓我們在赤腳踩踏時有舒適的享受。

地毯還有一個強大的「串聯家具」功能，客廳中的沙發、單人扶手椅、茶几等，不一定是同款式或是同色系，當我們在底下鋪一塊地毯時，他們自然而然地就會被串聯在一起，而形成一種自然的融合，這是由於地毯有襯托家具的效果，所以無論什麼季節，我都會在客廳或是臥室擺設地毯，大家不必害怕清潔或保養很麻煩，現在的地毯材質都很好照顧，也可以嘗試看看幫地毯換季，我的客廳夏天鋪的是短毛毯，到了冬天則會換為較長毛一些的，有地毯跟沒有的差別真的很大，推薦大家試試看。

◎ **地毯的應用小技巧：**地毯屬於襯托性質的配件，顏色要選擇與家具協調的色調；若是室內空調是常開的（如餐廳或飯店）則可以選用較為長毛的，一般居家建議不要使用羊毛或是長毛的材質，會比較不好照顧，且踩在上面會很熱。

地毯應用 TIPS：

1. 色調與家具協調
2. 是否好維護整理？

02 作者拍攝提供

03 作者拍攝提供

營造層次與質感的素材—皮革

這是比較新穎的一種軟裝素材，有直接將整張皮革繃在牆面上的做法，也有類似壁紙的使用方式，先將皮革以雷射雕刻創造出花鳥幾何等圖案，再固定於牆面上，更有立體的效果，所以比起壁紙也更加有層次感，當然費用相對比壁紙高。另外，皮革還有一個廣泛的應用，就是製作沙發或座椅，有時也會用在餐墊、杯墊，或小型軟裝物件上，是一個很好用的材料。

◎**皮革的應用小技巧：**因為皮雕板無法直接貼附於牆面上，所以通常是與裝修一起處理，另一個應用方式是可以把有圖樣或雕花的皮革裱框製成畫，掛在牆上當裝飾品；皮革製的餐墊、杯墊也很漂亮適合拿來佈置。

皮革應用 TIPS：

1. 雷射雕刻特殊圖案
2. 以立體畫作方式呈現
3. 小型軟件裝飾

01 作者拍攝提供

02 作者拍攝提供

03 Amber Eve Anderson-on Unsplash 提供

01-02 Tiffany 的 VIP Room 中，整面的皮革花鳥圖，十分精緻。**03** 擺飾品為生活帶來許多樂趣。**04** 北歐品牌的飾品，有著通透明亮的色彩。

4. 空間中的珠寶首飾－擺飾品

在軟裝設計中，擺飾是非常重要的一項元素，就好比一個空間的首飾。少了擺飾的空間，就像明星出席奧斯卡頒獎典禮時，身上少了飾品、珠寶的點綴一樣。當明星在走紅毯時，除了本身長得美、還要有華麗的服飾、完美的妝容、以及閃亮的首飾、珠寶等配件，來達到畫龍點睛的效果，空間也是同樣的道理，需要擺飾品來呈現風格及豐富度。

04 作者拍攝提供

01 Nancy Shalayeva on Unsplash 提供

02 Prophsee Journals on Unsplash 提供

最常見的飾品種類

飾品的種類十分廣泛，大致可分為六大類：

❶ 擺飾

桌上、檯面上的瓶罐、花器、相框、任何造型之雕塑、裝飾品都屬於此類。

❷ 牆飾

掛在牆上的飾品，例如鏡子、各種材質之壁飾、壁毯、雕塑（工藝品）、裝飾畫、攝影作品等等，其中鏡子是我最愛用的，它能讓空間更有層次感、光影更豐富，而且真正可以使用，一個既實用又好美觀的飾品。

❸ 地飾

置於地上的瓶罐、花器、任何造型之雕塑、裝飾品都屬於此類。

03 Edgar Castrejon on Unsplash 提供

❹ 布品

在家具上常會需要布品來點綴，如沙發上的抱枕、寢具上的蓋毯、餐桌上的桌巾與餐墊等。

❺ 餐具

杯、盤、刀叉、茶具、紅酒等，餐桌的佈置也是一門藝術。

01 牆上的飾品，可以選裝飾畫、鏡子、壁飾等互相搭配。**02** 飾品的多層次混合，與書籍堆疊是軟裝中常用的手法。**03** 餐廚空間的餐具，色彩繽紛，當擺飾也很適合哦。**04** 店內的餐具若很漂亮，可以陳列出來當擺飾。

04 JPY Design x Guanpin Decorations Studio 提供

01 Jonathan Borba , Lucas Mendes on Unsplash 提供

02 Jonathan Borba , Lucas Mendes on Unsplash 提供

03 Brooke Lark on Unsplash 提供

❻ 衛浴

毛巾、浴巾、浴袍、沐浴用品等。

室內空間大部分的飾品，都是以「裝飾」為主要的目的，實用性通常不大，甚至在我們的生活當中可有可無，可是少了這些擺飾品，室內就會有點乏善可陳，作品就不算完整 。

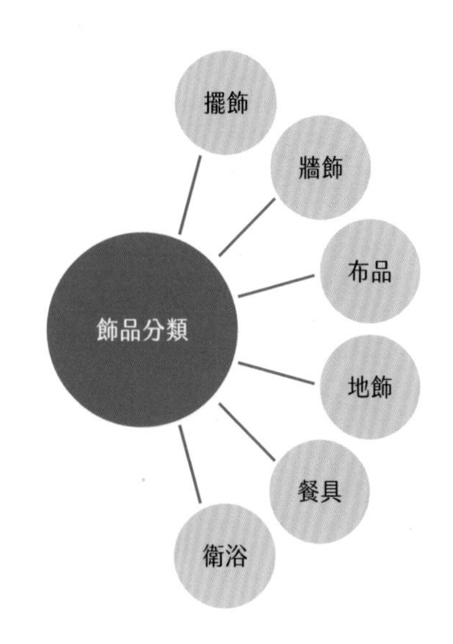

◎ **擺飾品的應用小技巧：**基本上還是要先選定「風格」，才能開始選擇擺飾品，無論是擺在桌上，或是掛在牆上的飾品，都有一些構圖的方式（構圖手法在下一個章節有詳細說明），數量及種類建議不要太多，例如一個開放的櫃子，我們可以留幾格空著不放東西，如果每一層格子都放滿，看起來就變成倉庫而不是擺飾了。

擺飾品應用 TIPS：

1. 選定風格
2. 注意構圖
3. 數量和種類不宜過多

01-02 餐桌的佈置就像藝術一樣，需要許多配件來搭配。**03** 杯盤器皿排列起來也可以很美。**04** 花器、裝飾畫、書本是絕妙的搭配。**05** 餐廳很適合將食物或是瓶瓶罐罐拿來當作擺飾喔。

04 Volant on Unsplash 提供

05 作者拍攝提供

01 JPY Design x Guanpin Decorations Studio 提供

02 JPY Design x Guanpin Decorations Studio 提供

03 JPY Design x Guanpin Decorations Studio 提供

01-02 色彩很協調的居家佈置。**03** 乾淨的畫面，搭配簡約的擺飾品。**04** 開放櫃建議不要擺滿飾品，留白的手法看起來更高雅。**05** 由職人手製的家具或飾品也可以當成是藝術品。

04 作者拍攝提供

5. 空間的靈魂－藝術品

軟裝設計當中所指的藝術品，是由「真正的藝術家」進行創作之作品，並非一般工藝品或印刷畫作等，可以不斷複製，通常藝術品有一定的數量，無法大量生產，也因此價格不菲，而無論價值高或低，對我而言，藝術就是軟裝空間內的「靈魂」，它可以為空間帶來完全不同的深度，也能呈現出空間主人的生活品味與愛好。

05 Andrew Wise on Unsplash 提供

01 Luisa Brimble on Unsplash 提供

01 選擇藝術品要注意尺寸大小與空間的尺度。**02** 飯店房間內，常以藝術畫當作主角。**03** 住宅公設大廳的攝影藝術作品。**04** 台中國家歌劇院內的裝置藝術。

藝術品襯托品味格調

近年來藝術家的崛起使得整個流行文化產業、時尚產業、甚至建築設計等產業都有了巨大的變化，藝術家不再侷限於窩在工作室創作，從畫作、雕塑、版畫、多媒材創作、裝置藝術，藝術家現在也跨界設計家具、燈具、家居用品、建築等等。由於媒體資訊的快速傳播，使得藝術已經成為一種流行，藝術品也成了豪宅中不可或缺的靈魂所在，名人富豪們不僅止於買車買房，他們現在流行「比收藏」，誰能收藏厲害藝術家的作品才是真正厲害。藝術品的價值是不會褪去的，在歐美的豪宅文化中，若沒有陳列一兩件藝術品，甚至稱不上是豪宅，特別是曼哈頓區的高級公寓，公設的硬裝修幾乎都是極簡風格，偌大的門廳常常牆面什麼裝修都沒作，僅掛上一幅價值上億的畫作，不僅可顯示出住戶的品味，也同樣達到「豪宅價值」的功效。

02 Megan Bucknall on Unsplash 提供

03 作者拍攝提供

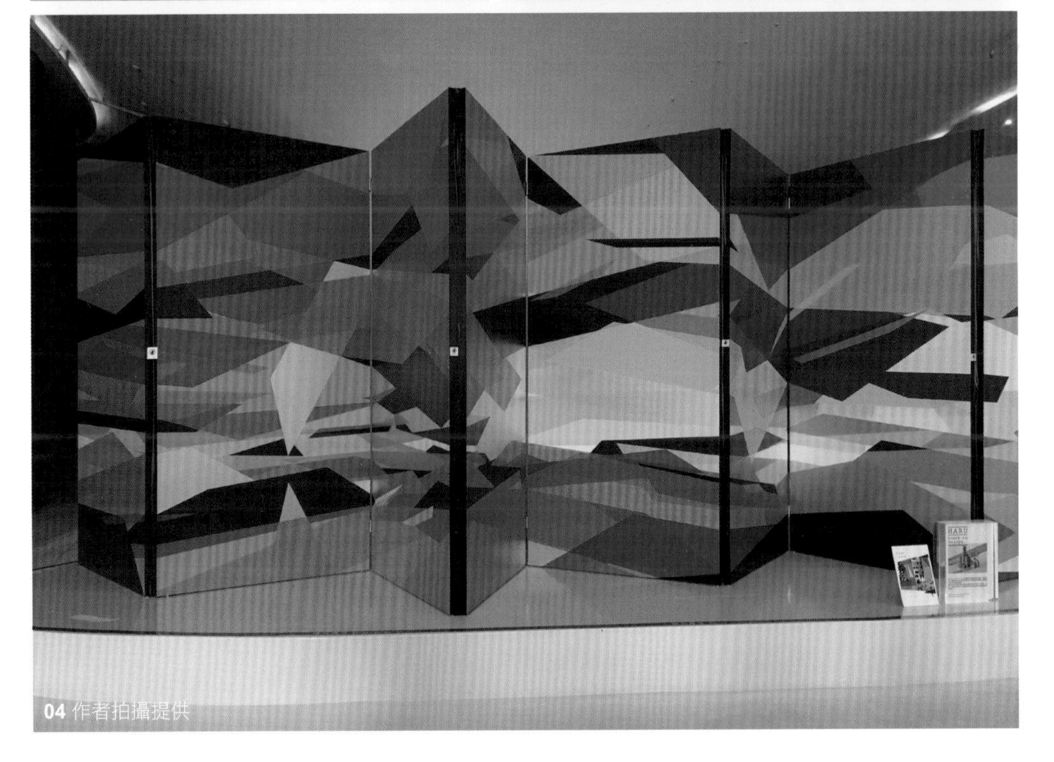
04 作者拍攝提供

01 作者拍攝提供

02 作者拍攝提供

03 作者拍攝提供

04 Annie Spratt on Unsplash 提供

前段時間，Sotheby's（蘇富比）進行了一場大型拍賣，將 Karl Lagerfeld（卡爾·拉格斐）生前驚人的收藏，全數進行拍賣。由官方的清單可看到總計有443件的驚人收藏，涵蓋了從藝術畫作、雕塑、古董家具、經典家具、燈飾、鏡子飾品、餐具精瓷等，到時尚精品、私人衣物，還有老佛爺的珍貴設計手稿，甚至是他的多輛座駕勞斯萊斯等。

對於喜愛 Art Deco（裝飾藝術）的我來說，這些精緻又有品味的藏品，真不希望它們就此被拆散，但又覺得若無人欣賞收藏，實在非常可惜。只是當物品被全數售出，在拍賣會的激情過後，留下的又是一種，真正感受到 Karl 已永遠離開的惆悵吧。

05 Jo ny Caspari on Unsplash 提供

01 東京辦公大樓櫃檯的巨型藝術品。**02-03** 台北時代寓所室內有許多藝術品。**04** 在國外飯店隨處都可見到藝術品蹤跡。**05** 將同系列的海報或圖片全部裱框，佈置起來也很有味道。

從感受藝術練軟裝基本功

透過國際型的拍賣會，更是帶動了全球的藝術狂熱，藝術品不再是富人們的娛樂，全民都可參與藝術與收藏藝術。

好的軟裝設計，會適當地將藝術品融入空間之中，我在規劃軟裝時，一定會為空間挑選一件適合的藝術作品，這件作品不一定要很貴，也不一定要是傳統的繪畫、雕塑等。當代藝術有很多形式可以選擇，有時候也許是一本特別的書、一盞藝術家設計的燭台，都可以讓空間更具有靈魂，或是一種精神核心在其中。而如何選擇藝術品？可以透過多了解當代藝術，認識

01 Mathilde Langevin on Unsplash 提供

02 作者拍攝提供

各種領域的藝術家， 關注各大拍賣會、 藝博會，並充實東／西洋藝術史，這些都是軟裝設計師必備的基本功。

多年前還是學生時，總看不懂藝術展在表達什麼，相信很多人也跟我以前一樣。其實我認為藝術，不一定要看懂它，只要親自去感受，去實際走訪，讓藝術來感動你就夠了！重點是規模比較大的展出，例如雙年展、藝術博覽會等，如果遇到展期的話，為自己安排一整天，好好地看場展吧，一定能讓自己收穫很多。

我個人推薦的大型美術館：

北部：故宮博物院、台北市立美術館、朱銘美術館

中部：亞洲大學現代美術館、國立台灣美術館、毓繡美術館

南部：台南市美術館、奇美博物館、高雄市立美術館

01 藝術品不侷限於畫作、大型雕塑、陶藝瓶器也是藝術家的創作喔。**02** 將 藝術畫作搭配室內空間，營造獨一無二的風格 **03** 規劃餐廳或咖啡店，可與藝術家合作，舉辦一些小型的展覽。

03 JPY Design x Guanpin Decorations Studio 提供

01 Toa Heftiba on Unsplash 提供

02 作者拍攝提供

03 作者拍攝提供

◎ **藝術品的應用小技巧：**在市場上，藝術品基本上還是屬於單價較高的，除了常與藝廊往來的收藏家之外，大部分居家可以選擇用複製畫、海報、攝影、或是自己的手做作品等來取代，例如：之前舉辦的奈良美智展，我買了很多官方授權的大型海報，大部分的美術館或博物館，也都有販售很漂亮的複製畫，將它們裱框之後，就變成美麗的掛畫；此外，我也很喜歡將絲巾裱框，之前在日本購買的草間彌生絲巾，因為是日本官方製作的，所以非常精美，裱框之後與她原版的版畫尺寸一樣大，就像家裡真的掛了一幅草間的版畫，賞

藝術品應用 TIPS：

1. 可用複製畫、海報、攝影或手作作品代替
2. 裱框提升質感
3. 具有歷史、紀念性、故事性的物品

心悅目；有些人喜歡攝影，不妨將自己的作品輸出較大尺寸，裱框之後就很適合簡約或自然風格了。

藝術品的形式，不侷限在畫作或雕塑等，有歷史、有紀念性或有故事的物品，我認為都很值得收藏，重要的是自己是否真心喜愛它。

04 Julie Kwak on Unsplash 提供

05 Amy Humphrires on Unsplash 提供

06 Antoine Vignon on unsplash 提供

01 巨型畫作，以放置在地面上的方式來裝飾，很時尚。**02** 拜訪藝術家的工作室，會有許多驚喜收穫哦。**03** 飯店餐廳的藝術作品。**04** 以複製畫來佈置也是一種像藝術致敬的方式。**05** 自己的攝影作品也是藝術品喔，是屬於自己獨一無二的創作。**06** 將海報或插畫裱框後作為裝飾

6. 空間中的生命力－花藝植栽

有一種擺飾品，是任何華麗的物品都無法取代的，就是植物。由於植物本身有機體的造型，屬於天然形狀，可以營造出自然清新的氛圍，所以不論什麼類型的空間，我一定會點綴一盆鮮花、或是綠葉植物，當它們放置在桌上或地上都能夠更柔化整個空間，並且跟任何風格的室內裝修搭配。

特別是有著大型葉子的盆栽，很適合放在室內的公共空間，客廳的落地窗邊，或是轉角處，不僅美觀還有淨化空氣的效果。我特別偏好放在地上的大型盆栽，在室內會有一種具叢林感的誇張視覺效果，比起擺在桌面上的小盆栽有趣。

室內植栽需悉心照料

擺放綠植時要注意，綠葉是需要陽光的，記得放在窗邊有半日照的地方，否則很快就會枯死了，無論是否耐陰，綠葉植物都還是需要照顧，並且放在通風良好的地方喔。下面是幾款很適合拿來佈置室內的植物：

需半日照：天堂鳥、龜背竹、葉琴榕、圓扇蒲葵
較為耐陰：虎尾蘭、千年木、龍血樹、黃椰子

01 Michelle Dot Com on Unsplash 提供

02 Nicole Dodd on Unsplash 提供

03 作者拍攝提供

04 Charlota Blunarova on Unsplash 提供

05 Jen Theodore on Unsplash 提供

06 Kari Shea on Unsplash 提供

上面這幾款都是屬於好照顧的，龍血樹很適合北歐與文青風格，天堂鳥、葉琴榕、黃椰子則可以輕鬆打造度假或是休閒風；另外現在很受歡迎的「多肉植物」也很適合軟裝佈置。

01 大型的綠葉，在室內特別顯眼，比起任何擺飾品又更能自然融入環境。**02** 我特別喜歡使用大型盆植，效果會比小盆栽更好。**03** 大型綠色植物是軟裝的強力武器，無論是人造植物或真的都可以。**04** 龜背竹天生帶有文青氣息。**05** 蘆薈好種又實用，可以用來敷臉還可以舒緩曬後的肌膚呢。**06** 黃椰子很有度假的風格。

另外這幾款小型的植栽，也適合拿來佈置室內：黃金葛、吊蘭、萬年青、腎蕨、白鶴芋、蘆薈等，這些也具有淨化空氣的效果。

01 Mildada Vigerova on Unsplash 提供

02 Katie Burkgart on Unsplash 提供

03 Minh Pham on Unsplash 提供

04 Kadarius Seegars on Unsplash 提供

增添色彩與生機的花藝

軟裝中的花藝，是很輕鬆愜意的，軟裝的插花，並不像坊間的專業花藝師，講究流派或形式，通常我在製作軟裝的花藝時，只需三個步驟：

Step 1. 選擇一個漂亮的花器

Step 2. 到花市買一把色彩繽紛的花

Step 3. 稍做修剪後，將花草置入花器，這樣即完成囉！

記得我們要營造的是一種生活的感覺，不是在上花藝課，所以不需要拘泥太多細節，重點在於這盆花的顏色、這盆植物的樣式是否適合這個空間？只要把握這樣的原則就沒問題了。

05 Annie Spratt on Unsplash 提供

06 作者拍攝提供

01-02 美麗的多肉植物，適合群聚多盆，也很適合與其他擺飾品一起陳列。**03** 虎尾蘭與黃金葛是軟裝的常客。**04** 綠色植物的盆栽也要精挑細選哦！ **05** 有誰不喜歡花呢？ **06** 古典風格很適合以花花草草來點綴。

01 Kelly Sikkema on Unsplash 提供

02 作者拍攝提供

03 Johnanne Kristensen on Unsplash 提供

04 Steph Wilson on Unsplash 提供

選擇花器也很重要，這並不是說你一定要買很貴的花瓶，有時候就算只是一個裝牛奶的玻璃瓶、或是路邊攤的白色花瓶，都可以做出很棒的軟裝花藝，只要材質及顏色對了，就可以為空間大大地加分；另外一個方式是以花器做為主角，有些造型很有特色的花瓶，即使不插花也很好看，或者只要簡單地插上幾株小草，就有很不錯的效果，基本上只要大膽地多方嘗試，自然會找到最適合自己的風格。

從網路花藝創作者擷取靈感

在亞洲國家，室內擺放人造花的密度，較不如歐洲地區盛行，在歐洲旅遊時，各種空間都能看到人造花的蹤影呢！從酒店、餐廳、咖啡店、甜點店，到服飾店、精品店通通都有，如果細心挑選品質好的花卉或植物，以軟裝的方式，為室內增添色彩及綠意，能讓空間更舒適、更有生氣喔！

推薦大家追蹤網路或 IG 上的花藝達人，他們即便不是花藝老師，也非常具有個人風格，其中「東信、AMKK 花樹研究所」，我個人非常喜歡他們的作品，鮮豔多元的創作方式，以及帶有實驗性風格的手法，常常有令人驚豔的意外之作，例如 2014 年他們就曾為了探討日本五針松的生命力，用氣象球將盆景樹裝置送上太空、沙漠、海洋、冰川、廢墟等地。當我們跳脫傳統花藝的框架，一定可以創作出更多的作品哦。

這些是我常追蹤的花藝 IG：

@azumamakoto　@shiinokishunsuke　@nicamille

@putnamflowers　@watara_ikebana　@cnflowerofficial

@cnflower_alfielin

01 簡單的玻璃瓶也很適合達來當成花器使用，散發自然感。**02** 選擇樂趣，花器可單獨拿來當擺飾。**02** 花藝與香氛，史上最強搭檔。**03** 軟裝的花藝沒有框架，盡情去混搭吧，沒問題的！

01 Plo Olqp on Unsplash 提供

02 作者拍攝提供

03 作者拍攝提供

04 No Revisions, Nati Melnychuk, Nico, Rock Earth, Pure Julia on Unsplash 提供

01 看得出來這是樂高做的嗎？ **02** 鮮豔的花卉 是空間中最好的點綴。**03-04** 商空有了鮮花就會大加分。**05-07** 各式各樣的香氛，漂亮的瓶身也可以當擺飾或花器使用。

7. 空間中的記憶芬芳－香氛

Decoration & Fragrance，兩個常常連結在一起的單字，屬於視覺之外的五感體驗，就像空間的一體兩面，無法分割。有沒有比擺飾品更快營造氛圍的方法？當然有！溫暖、迷人的香氣可立即改善空間的舒適感，根據市場統計，英國人每年在香薰蠟燭上花費超過 9000 萬英鎊，可見香氛已是歐洲人生活中不可或缺的一部分了。

比你想像中更有存在感

空間除了視覺上的美感之外，嗅覺也深深影響著人的感官，研究顯示，人的嗅覺記憶比視覺記憶來得更長久，所以好的香氛，能讓人對於空間的體驗更深刻，印象更美好，例如明亮的花香能讓人聯想起春日，即使現在是夏天也一樣。

各位別再只把擴香擺在廁所裡了，這樣真的很可惜，時下的薰香、香氛蠟燭、擴香等等除了迷人的香味之外，還有超美的瓶身，用來作 Deco 搭配是再適合不過囉！我喜歡在玄關處，放一款香氣不是太重的擴香，迎接回家的每個人，讓大家在踏進家門時立刻得到放鬆。香氛也很適合作為軟裝擺飾的收尾，例如端景桌上的書籍，很適合押上一個香氛蠟燭，達到視覺平衡之外還可以讓室內香香的，一起來享受這些古典、現代、時尚、前衛等各種高質感的香氛吧 ！

05 No Revisions, Nati Melnychuk, Nico, Rock Earth, Pure Julia on Unsplash 提供

06 作者拍攝提供

07 No Revisions, Nati Melnychuk, Nico, Rock Earth, Pure Julia on Unsplash 提供

為空間找到合適香味

我自己長期使用擴香，試過很多品牌，質感與香味都很有水準的有：Fornasetti、Diptyque、LOCHERBER、CULTI、Baobab、Cire Trudon 、Jo Malone、Mad et Len 等，雖然有些國外品牌目前還沒引進，但近年香氛受到的重視及關注度越來越高，相信很快台灣也都會有專櫃的。

01 No Revisions, Nati Melnychuk, Nico, Rock Earth, Pure Julia on Unsplash 提供

02 No Revisions, Nati Melnychuk, Nico, Rock Earth, Pure Julia on Unsplash 提供

03 No Revisions, Nati Melnychuk, Nico, Rock Earth, Pure Julia on Unsplash 提供

04 No Revisions, Nati Melnychuk, Nico, Rock Earth, Pure Julia on Unsplash 提供

05 Toa Heftiba on Unsplash 提供

06 作者拍攝提供

07 Marissa Lewis on Unsplash 提供

08 Volant on Unsplash 提供

01-04 各式各樣的香氛，即使用完後，漂亮的瓶身也可以當擺飾或花器使用。**05** 擴香適合與其他東西一起搭配擺飾，單獨擺放會有點單薄。**06-08** 市面上的香氛品牌與種類越來越多，表示大家開始重視它。

除了擴香之外，許多品牌也推出了清潔保養產品，皆與香氣息息相關，我個人推薦：Aesop、、Le Labo、Sabon、FRAMA 等，特別是 Aesop，除了香味迷人之外，它的店面都會邀請建築師，室內設計師或藝術家來規劃設計，所以每個分店都各具特色。

若要挑選香氛的香調，首先可以從個人喜好來做選擇，畢竟氣味是很主觀的，就像顏色一樣，每個人喜歡的都不一樣；若要以適合空間的調性來選擇的話，比較開闊的空間如客餐廳，適合清新的香味，如柑橘、海洋、青苔、木質調；臥室或浴室，屬於私密空間，可以挑選花香、果香，或是帶有甜味的香調，雖然選擇香氛沒有標準答案，但記得要避免過多的香氣混合在同一個空間，以免嗅覺疲勞。

01 Harper Sunday on Unsplash 提供

02 Trung Do Bao on Unsplash 提供

03 Mindaugas Norvilas on Unsplash 提供

04 Lena Mytchyk on Unsplash 提供

05 作者拍攝提供

06 作者拍攝提供

跟著調香師一樣思考

聞名全球的文華東方酒店，就特別邀請調香師，量身打造專屬於自己品牌的香氛，而且無論在紐約、巴黎、上海或東京，使用的都是同款香味，當你進入到大廳時，便能嗅到屬於文華的熟悉香味，彷彿回家一樣親切。

好的香氣可以使人放鬆，心情愉悅，我們可以將這些在飯店的美好體驗，應用在生活之中，無論是居家或辦公室，適當地使用擴香、噴霧、香氛蠟燭，試著打造屬於自己的空間氣味，讓每天都有好心情。

01 除了擴香與蠟燭，現在也有許多品牌推出空間噴霧。**02** 就像香水一樣，空間噴霧有許多選擇，也可噴灑在擴香石上使用。**03** 木質調適合開放空間。**04** 花香調適合臥室。**05-06** 這兩張照片是我在米蘭的百貨公司拍的，種類多到整層樓都在賣香氛。

01 Taylor Heery on Unsplash 提供

8. 空間中的個人風格－喜好收藏

現代人的喜好與娛樂、收藏都更加多元，例如有些人喜歡收藏潮流公仔，有些人喜歡收集球鞋，也有人愛書成癡，這些東西誰說不能拿來當擺飾？飾品不是只限於昂貴的瓶器、或是華麗的雕塑等，重要的是這些東西是否到位？我們常在 IG 上看到很文青的，一架鋼琴上放了許多盆栽的照片，通常這些照片呈現出的是一種生活氛圍，並不一定是真的會使用它，很多豪宅社區的大廳也會放一架鋼琴，但真的是拿來彈的嗎？

02 H Wong on Unsplash 提供

03 Andrew Hoang, Beezy, Megan Bucknall on Unsplash 提供

04 Andrew Hoang, Beezy, Megan Bucknall on Unsplash 提供

05 Andrew Hoang, Beezy, Megan Bucknall on Unsplash 提供

01 打字機裝飾起來就像古董一樣充滿韻味。**02** 將個人興趣結合佈置，汽車海報雜誌、縫紉機都是很有特色的物品。**03-05** 各種樂器都可以拿來佈置，閒置的鋼琴、吉他、烏克麗麗、二胡、唱盤機、唱片。

01 Daniel Maguiling on Unsplash 提供

02 Cajeo Zhang on Unsplash 提供

03 Ikebuta on Unsplash 提供

01 許多樂高愛好者，都把樂高當收藏品一樣擺飾。**02** 樂高推出的仿真打字機，佈置起來質感很棒。**03** 樂高推出的花藝系列，擬真的造型，推出後立刻熱銷大賣。**04** 地球儀也是軟裝中常見的面孔。**05** 攝影鏡頭陳列起來很有藝術家氣息。**06-07** 誰說模型公仔不能當擺飾？每個人的喜好不同，重要的是家裡要擺自己喜歡的東西！

全世界都認識的樂高，是來自丹麥的玩具公司，身為北歐代表品牌之一，自然很懂得如何療癒人心，從 1 歲～ 99 歲都能找到心儀的商品，是行銷界的高手。長年歷久不衰的建築（Architecture）系列，一直是設計師們的最愛，尤其擺在工作室好適合；前些時日又推出了園藝系列（Creator Expert），非常適合軟裝擺飾用，有永遠都不用換水的花及多肉植物，令人會心一笑！

04 Ella Jardim on Unsplash 提供

05 Michael Soledad on Unsplash 提供

06 Erik Mclean on Unsplash 提供

07 Y Nasx on Unsplash 提供

01 Pickawook on Unsplash 提供

02 Svetlana Gumerova on Unsplash 提供

03 Beazy on Unsplash 提供

可以閱讀，也可以裝飾

軟裝的書籍也很重要，我每次在佈置時，一定都會用到書籍，因為我個人非常愛書！陳列有三種常見模式：

❶ **擺在櫃子裡**：書櫃＆收納櫃等，整齊放、堆疊著放、零星地放皆可，需要一定的數量較能呈現出效果，是很少失敗的手法，屬於安全牌。

❷ **擺在平面處**：例如客廳的茶几上，通常擺在醒目的地方，要具有主題性、美觀性、質感佳，因為書是主角之一，是目光焦點，很重要。

❸ **多層次堆疊**：任何地方皆適用。與其他物件混搭，例如香氛蠟燭、擴香、花器、水晶、小型雕塑等，能讓擺飾更有層次感。

04 Avery Klein on Unsplash 提供

01 書本是最好的擺飾之一，跟任何飾品都可以搭配。**02** 我很喜歡書！尤其是國外的二手書店，常常可以挖到寶，舊書佈置起來很有味道。**03** 厚實的原文書，堆疊在地面上也很適合。**04** 有時候只要一兩本精裝書疊著放，就很有質感。

01 Mark Adriane on Unsplash 提供

01 書本堆疊上方壓個小飾品當 ending 畫面就會有完整性。**02** 試試將書本、香氛、時鐘等各式的擺飾混搭看看吧！

另外推薦幾家我鍾愛的出版社，他們出版的書籍，不僅內容豐富、編排精美，完全可以單獨拿來擺飾，也是我在軟裝中常用的，這類精裝書通常只要一、兩本，就能讓空間氛圍產生不同的效果！

❶ **Penguin Books 企鵝出版**：書本以布面及精緻的裝幀的質感聞名。

❷ **Thames & Hudson**：許多藝術、時尚類書籍都可在此找到。

❸ **TASCHEN**：領導全球藝術圖書的出版社，設計師的口袋名單。

❹ **Rizzoli Libri**：時尚、室內設計、藝術、建築、攝影、烹飪等領域都有。

❺ **LV 的 City Guides 旅遊指南**：每一本都很漂亮實用。

我在執行軟裝時，從來沒有使用過重複的飾品，因為我認為每個案子都是獨一無二的，居住在其中的人，或是空間的類型也都不相同，我會將使用者的喜好、室內的風格等一併考慮進去，重要的是我們要呈現出的是生活、是品味與個人風格，所以不要將你的軟裝局限於某個框架，大膽地去發揮吧！

02 Veronika Jorjobert on Unsplash 提供

01 Alexandra Gorn on Unsplash 提供

Chapter 6

軟裝的
佈局手法

軟裝並非單純地將所有軟件擺入空間，

就能展現完美視覺和舒適氛圍，

必須經由風格、構圖、比例，相互配合，

才能建構出令人感覺舒心且具生活實用的場景。

1.「風格」是第一要素

01 Chastity Cortijo on Unsplash 提供

當你開始著手設計一個案子，就像在拍一部電影一樣，要先決定電影的「主題」是什麼？才能開始進行籌備，例如是動作片？喜劇？恐怖片？決定好電影的主題風格之後，接著才能選角，假設是動作片，男主角就可以找湯姆克魯斯，總不能叫他去演恐怖片吧？光看他的臉就恐怖不起來呀，這樣就會變成所謂的「文不對題」。

01 Adam Winger on Unsplash 提供

01 女主角華麗的更衣室，是重點場景。**02** 紐約的古典美式風格，是浪漫劇情常選擇的元素。**03** 時尚簡約的配色與配件。**04** 搭配當代藝術，呈現紐約曼哈頓式的 style。

03 R Architecture on Unsplash 提供

04 Chastity Cortijo on Unsplash 提供

找出風格的主題性

舉例來說，很多人喜歡的影集《慾望城市》（Sex and the City），歷時 20 年仍為時尚 icon。最近此劇開啟了續集《And Just Like That...》，為了配合宣傳，不僅重現紐約上東城的風格場景，空間的色彩也更加明亮鮮豔，這樣的風格就很符合這部劇的主題：時尚。

在寸土寸金的紐約，為了充分利用空間，劇組將女主角一房一廳的住所，設計成開放式空間，臥室與起居室以淺薄荷綠，搭配米黃橫紋窗簾、與溫潤的木頭家具，另有一間獨立的更衣室，土耳其藍的牆壁與衣櫃，根本是每個女孩的夢幻場景！

如果想打造劇中這種溫暖又時尚的小宅，可以在軟裝飾品擺上書本或小型花瓶，這些都很適合小空間裝飾，另外也可以利用掛畫或攝影，不論掛在牆上或擺在櫃子上都很時尚，最後，別忘了鋪一張有漂亮圖案的地毯，臥室氛圍馬上變成電影劇照。

01 Amin Hasani on Unsplash 提供

逐步打造質感住宅

軟裝設計也是一樣，假設今天我們要規劃一個北歐風格的住家，就要好好挑選男女主角、配角等等，如果這時候室內出現了一張很古典的巴洛克式沙發，整個風格就會走味，所以選定主題非常重要，這邊列出簡單的六步驟供各位參考：

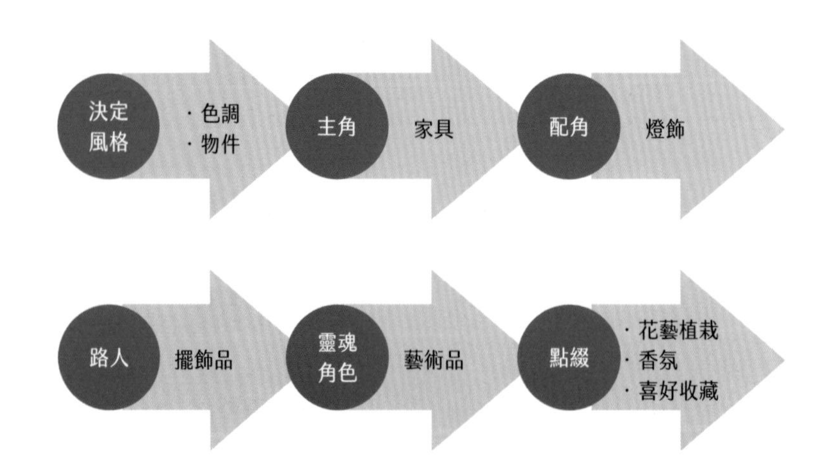

02 作者拍攝提供

03 Natthan Oakley on Unsplash 提供

04 Theresa Chen Déco Design 提供

01 曼哈頓的休閒風，是紐約十分具代表性的風格。**02** 擺飾品和花藝植栽能夠為空間氛圍畫龍點睛。**03** 添加抱枕和植栽之後，讓整個空間更加完整。**04** 想打造簡約高雅的風格，從家具到擺飾品都是挑選重點。

01 R Architecture on Unsplash 提供

01 將八大元素應用到空間中，兼具設計感與功能性。**02** 三角構圖法

❶ **決定風格**：主題選定之後，就可以著手進行大致要規劃方向，以新古典風格來說，就能決定室內的色調、物件等元素。

❷ **選定主角**：家具是空間的主角，無論是住家或商空，都會有家具的存在，也是使用頻率最高的軟裝項目。

❸ **選定配角**：燈飾。

❹ **選定路人**：擺飾品。

❺ **串接的靈魂角色**：藝術品。

❻ **點綴**：花藝植栽、香氛、喜好收藏。

簡單來說，就是應用前面章節提到的「軟裝八大元素」，循序漸進地挑選，為規劃作品來做佈局，如此一來，就不必擔心遺漏了任何細節，所有需要考慮進去的項目，通通都在這八個元素裡面，你的軟裝設計就能稱得上相當完整了。

2.「構圖」決定畫面呈現

從有繪畫的歷史以來，構圖一直都是最重要的步驟，許多經典的作品，都有著精確完整的構圖，作設計也是一樣，從一張白紙開始，平面的配置、排列，或是立面的家具、擺飾、掛畫等，都是需要經過規劃的，特別是我們針對某個角度來看的時候，就像是一幅畫，或是一張攝影，構圖的影響會很大，需要注意平衡性，避免重心失衡、或是畫面太過於壅塞、空虛等情形發生。

零失誤的三角構圖法

我們參考許多歷史上的名畫，可以發現有個共同使用的構圖手法，幾乎是完美的，而且可以將其應用在各種地方，不只是 2D 平面上，在立體的3D空間也可以使用，這種構圖手法，就稱為「三角形構圖法」。

02 Alexandra Gorn on Unsplash 提供

這也是最普遍使用的構圖方式，且最不容易失敗的手法，它可以為畫面帶來平衡、穩定性，並且看起來不呆版。在軟裝佈局中，可以應用的地方也很多，例如端景桌上的插花、或是茶几上的書籍擺飾，牆面上的掛畫與壁飾，甚至是大型的家具桌椅等，都可以發現許多三角形藏身其中，三角形不僅限於平面，也可以套用在立面，甚至俯視、側面等。

01 Andrew Wise on Unsplash 提供

02 Annie Spratt on Unsplash 提供

03 Anwar Hakim on Unsplash 提供

04 Nathan Oakley on Unsplash 提供

05 Greg Rivers on Unsplash 提供

06 Volant on Unsplash 提供

07 Toa Heftiba on Unsplash 提供

01-07 無論是擺飾品、花藝植栽、家具或是家具配件等，都能應用三角構圖法來陳列，從正面、 側面、甚至上視角來看，都藏有三角形，如此就能達成均衡的構圖。

01 達文西 - 蒙娜麗莎的微笑 **02** 梵谷 - 星夜。**03** ：L 型沙發與茶几的偏心配置，藏著黃金構圖法讓畫面既豐富又耐看。**04** 擺飾品陳列也可使用黃金比例構圖哦。

最佳視覺的黃金構圖法

第二種常用的構圖，叫做「黃金比例構圖法」，也有人稱為黃金分割法，這種手法是人類最佳的視覺，也是繪畫、攝影時最基礎的構圖方式之一，這是由斐波那契數列畫出來的「螺旋曲線」得到的靈感。

這個構圖法在室內設計，常用於平面圖的配置上，我個人則是常把它拿來應用在客廳沙發的擺放方式，L 型沙發搭配一張單人扶手椅，從平面圖上來看，就有黃金比例的分割，比起傳統的 1 加 2 或 2 加 3 人座的沙發，這種配比會更活潑，更有空間感。同樣的，除了平面的配置，也可將此方法應用於立面配置上，當我們在一面牆、或是一張桌子上，想擺放一些東西，可以試著把物品放置於偏心的位置，而不要放在正中心，如果把東西放在正中央，會使畫面看起來很無趣，給人沉悶的感受。

03 R Architecture on Unsplash 提供

04 Joanna Kosinska on Unsplash 提供

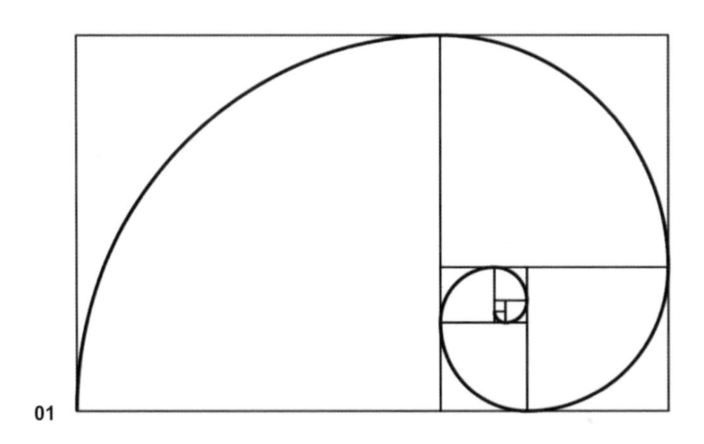
01

02 C2RMF 重製版提供

01 黃金螺旋曲線。**02** 達文西 - 蒙娜麗莎的微笑。**03** 許多攝影師拍攝時，都會用黃金比例來構圖。**04** 不論是平面的，或是立面的構圖都適用黃金比例。**05** 帶有曲線的燈飾，很適合詮釋黃金構圖的螺旋形。

03 Uliana Kopanytsia on Unsplash 提供

04 Manja Vitolic on Unsplash 提供

05 Shche Team on Unsplash 提供

平衡中庸的對稱構圖法

建築與室內都很喜歡使用的「對稱式構圖法」，是一種最穩定、中庸的呈現方式，它可以讓人覺得安心、舒適，這是因為人類的身體結構本來就是對稱的，所以對於生理上、心理上，自然而然會選擇平衡的習慣，許多過去的中西式建築物，都是對稱式的結構，室內設計也時常將客廳設計成對稱的配置，或者臥室裡的床，左右會擺放相同樣式的床頭櫃，或是左右各有一盞床頭燈，這樣的配置方式，都是很常見的。

01 Corinne Kutz on Unsplash 提供

02 Rod Long on Unsplash 提供

01 擺飾品以「不完全對稱」的方式來排列，看起來亂中有序。**02** 古典風格以對稱表現看起來貴氣十足。**03** 對稱型的排列，能讓畫面看起來很安定。**04** 臥室大部分都是對稱型，讓人覺得視覺舒適，能完全放鬆。

3 Spacejoy on Unsplash 提供

4 JPY Design x Guanpin Decorations Studio 提供

3.「比例」空間尺度分配法則

「比例」要拿捏得當

「空間尺度」是首先要確認的事，無論是何種類型的空間，都要為其規劃適宜的軟裝項目。住家有各種坪數，如豪宅、首購、套房等，餐廳也有分大型的或是精緻的，所以從挑選家具開始，就要選擇適合的尺寸，燈飾的大小、擺飾品的數量、藝術品的尺度，都要一一確認，千萬不要貪心，如果在住家擺放一大堆飾品，佔據所有空間，只會令人覺得累贅；相對偌大的商業空間，就可以試著挑選大型的藝術品，每一樣東西都有適合自己的場合，重點在於，它來對地方了嗎？

01 R Architecture on Unsplash 提供

01：扶手椅與小茶几，營造出舒適的角落卻不顯擁擠。**02-03** 飯店房間內，畫作大小剛好，讓人沒有壓力。**04** 兩個一樣大的花器會顯得呆版，一大一小搭配，畫面有韻律感。

02 Kam Idris on Unsplash 提供

03 Coco Tafoya on Unsplash 提供

04 Nathan Oakley on Unsplash 提供

01 Fiend on Unsplash 提供

02 Kam Idris on Unsplash 提供

「主角」、「配角」、「路人」

每部戲都會有男主角＋女主角、男配角＋女配角，加上許多周邊的相關人物，還會有其他的跑龍套角色，少了其中一個，都會讓戲演不下去（只有男女主兩人的戲誰要看？）。套用到軟裝身上時，就要注意：哪一件東西是主角呢？通常我會讓「家具」擔任空間的主角，再挑選「燈飾」當配角，這是住家比較常用的手法；如果是其他空間呢？例如餐廳，可能就沒有特別誰是主角，因為全部的餐桌椅都長一樣，也許可以挑選一個雕塑、或是一幅畫當主角，來凸顯這間餐廳的特色。無論怎麼選角，只要記得分配好每樣東西的戲份就可以了。

01 以花藝為主角的構圖。**02** 將色彩鮮明的黃單椅當作主角。**03** 目光焦點自然集中到可愛的人像身上，一旁的吊燈就像為她打上聚光燈。**04** 家具是主角，燈飾是配角，書本是路人。**05** 將主角、配角、路人的戲份都分配得很平均的方式。

03 JSC Design Studio 提供

04 Original BTC 提供

05 Trend on Unsplash 提供

4.「擺拍」完工拍攝學問大！

01 Elena Popoca on Unsplash 提供

最後是關於「拍完工照」這件事，大家拍過自己的作品照片嗎？只要是設計師，在作品完成時，一定都會想要拍照作完整的記錄，拍完工照是一門大學問，我通常都交給專業的攝影師，但在佈置軟裝的過程，各位是否覺得困難重重，找不到方向呢？作品照通常都需要軟裝來點綴加分，這種軟裝手法我們稱為「擺拍」（擺飾 + 拍照）。大家要先了解，擺拍與實際陳列是有差異的，照片呈現出來的只是空間的某個畫面、角落，所以一定要準確地構圖、配色、以及注意角度 ，透過來回走動，看看各個角度的畫面及感覺，多次地調整到適當的位置，例如單人沙發擺 45 度，就可以拍出如雜誌般完美的照片囉。

02 Elena Popoca on Unsplash 提供

03 Elena Popoca on Unsplash 提供

01 完工照 A，以家具及背後的端景櫃之間的關聯性為主。**02** 完工照 B，以遠景拍攝出空間感，櫃子上級餐桌上的東西更換了，有注意到嗎？**03** 完工照 C，拍攝以餐桌為主的氣氛照，桌上的擺飾及花藝，換成更吸睛的樣式了。

04 Andrew Wise on Unsplash 提供

05 Andrew Wise on Unsplash 提供

06 Andrew Wise on Unsplash 提供

07 Andrew Wise on Unsplash 提供

04 完工照 A：遠景，須注意所有物件彼此間的平衡性，主、配角的位置正確性。**05** 完工照 B：中景， 這時應注意想強調的事物，如茶几與花，還有背後的擺件，倆著相襯著互不干擾。**06** 完工照 C：近景，此時表達的為意境居多，構圖畫面要有張力。**07** 完工照 D：特寫，特寫大部分是以擺飾品為主，背景的份量拿捏很重要。

空間用途決定擺法

我常執行的軟裝案件，大約有下列三種拍照模式：

❶ 接待中心、實品屋、樣品屋

銷售第一！所有的畫面都要美，要引人注目！由於作品完工後，空間內仍不斷有人進出走動（銷售人員、看房客戶），所以拍攝時的擺飾，通常會跟著攝影師到處移動，為的是畫面的豐富度，而拍攝完畢，擺飾位置會依照現場觀賞的舒適度及美觀來作定位。必備的飾品：掛畫、花藝、書籍等，要注意擺飾與周遭空間的色系、材質是否搭配，拍照起來會不會被背景吃掉。

❷ 私人住所

通常不對公開，所以內部軟裝完成後，不會再更動，完工照會製作成作品集或工作紀錄，我們習慣將作品集致贈給屋主當作紀念及祝賀新居落成。住家的軟裝焦點除了客、餐廳之外，臥室與浴室的舒適度也是一大重點，可挑選適合的床包色系、地毯、居家小物等，來營造生活溫度。

❸ 商業空間

照片會用在官網、行銷宣傳等。通常商空的裝修已經很精采了，這時就要想辦法用軟裝讓原有的裝修更加分、更出色，可選擇比較浮誇、華麗、特殊的擺件。

拍攝完工照時，可以嘗試「劇場式」的風格，我特別喜歡使用獨樹一格的軟裝設計，不論是誇張的家具選配，或是以當代藝術來作展演，當軟裝物件超越了原本在空間中的「配角」地位，成為了空間的「主角」，演出屬於這個作品的劇碼，在軟硬裝的結合下，可以演繹出更多不同的火花，一齣好的電影，一定要有好的主角，才能讓整部戲呈現出最完美的一面，所有的空間也是同樣的道理哦！

01 以大壁飾 搭小家具的案例，常用在玄關處。**02** 餐廳的餐桌與吊燈數量比例相當。**03** 燈飾與家具分量比重相當，兩者有互相呼應，畫面呈現平衡感。

01 Spacejoy on Unsplash 提供

02 Bilal Mansuri on Unsplash 提供

03 JSC Design Studio 提供

01 Allec Gomes on Unsplash 提供。色彩三原色：紅、黃、藍。

Chapter 7

軟裝設計的色彩學：配色心法

色彩是影響空間氛圍非常重要的因素，
不只能反映出風格與個性，也會影響一個人在空間中的長久感受。
我們就從最基本的色彩知識著手，
延伸至如何實際運用，與色彩心理學等，
讓您能夠輕鬆玩色。

1. 色彩基本構成

色彩學在設計系當中，是一門專業科目，大部分都會將色彩學列為必修學分，而對於室內設計或軟裝設計而言，色彩決定了大部分作品的呈現，因為人類是視覺的動物，通常在進入一個空間時，我們首先接收到的資訊都是以色彩為主，例如黃色的牆壁、紅色的沙發等等，加上人類對色彩的敏感度通常都很高，所以色彩繽紛的物品，很容易吸引到人們的注意。

市面上關於色彩學的專業書籍已經很多，所以我們在此章節將簡單扼要地說明，並搭配圖片讓大家快速掌握色彩學的基礎概念。

01 繽紛色彩 能吸引人們目光。

色彩相關名詞：

1. 屬性：

a. 三原色：紅、黃、藍

b. 色相：名稱

c. 明度：深淺

d. 彩度：純度

2. 感受性：冷色、暖色、中性色

色彩學常用的名詞

色彩學中有幾個常用的名詞：「三原色」、「色相」、「明度」、「彩度」，分別代表色彩的各種屬性；另外有「暖色」、「冷色」、「中性色」來代表色彩給予人的感受性。

❶ 三原色（Primary color）

紅、黃、藍，是一切色彩的基礎，這三個顏色可以調配出世界上的任何顏色，但是卻無法用其他色彩調配出三原色。

❷ 色相（Hue）

泛指所有色彩的「名稱」，例如紅、橙、黃、綠、藍等，就像每個人有自己的名字一樣，每個色彩都有專屬於它的名稱。

❸ 明度（Value）

指的是顏色的「深淺」，也就是顏色加入「黑」或「白」後所呈現出的樣貌。白色擁有最高的明度，而黑色擁有最低的明度，一個顏色加入越多白色，看起來就會越淺；一個顏色加入越多黑色，看起來就會越深。舉例來說，深藍色比淺藍色看起來更深，因為加入了更多的黑，明度也就越低。

❹ 彩度（Chroma）

指的是一個顏色的「純度」，如果將單色與黑、白、灰或其他任何顏色混合，會降低顏色的純度，例如將純紅色加入白色混合，會變成淺紅或粉紅色，就不再是原始的純紅色。

在日常生活中，我們比較少聽到用「彩度」形容顏色，一般比較常用「飽和度」來形容顏色，一個顏色的彩度越高，代表該色含量越高，顏色也就越純，所以無論將純紅色加入黑色或是白色，都會降低它的純度，也就是降低顏色的彩度。

2. 色相環與吸睛配色法則

學習色彩學時，常會使用到一個輔助工具，即為「色相環」（Color Wheels），透過色相環的使用，可以方便快速地搭配出適宜的顏色，色相環一般劃分為 12 個基本色，但也可無限地劃分為數千種顏色，我們可以從色相環裡面找到所有的色彩，每個色彩又分別有其對應的位置及配色方式。

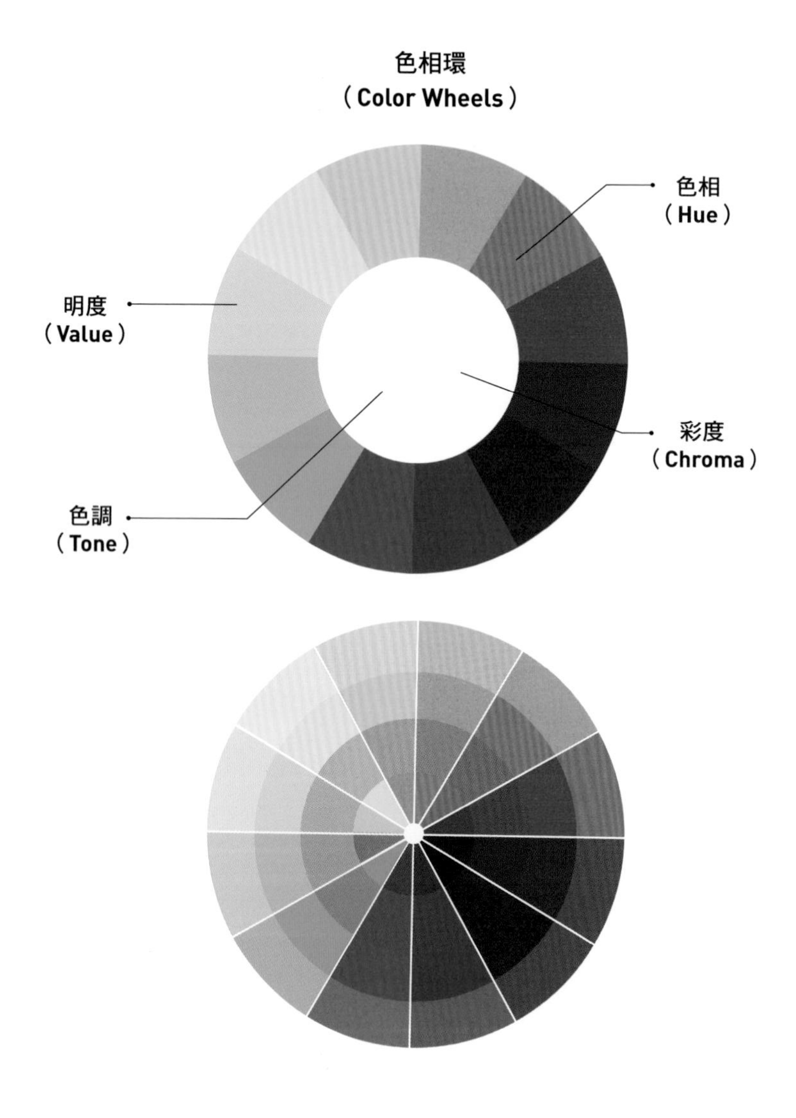

常見的配色手法

色彩的配色手法有很多，在室內設計＆軟裝設計中，比較常用的有下列六種：

❶ 互補配色法

01 Jens Behrmann on Unsplash 提供

01 多重的 對比色彩，繽紛活潑。**02** 對比配色法：將傳統的「紅配綠」改良為「橘紅 配橄欖綠」就不會過於強烈。

所謂的互補，其實就是「對比」，在色相環中，兩個顏色位於「相對面」的位置，就是互補色，例如我們常說的「紅配綠」，或是「藍配橙」、「紫配黃」，都是對比最強烈的互補色。這樣的配色法，在商業空間效果特別好，只要掌握住主要顏色，再挑選適合它的對比色，能造成強烈的視覺效果；住家也適用對比配色，但要小心色彩的鮮豔度，例如紅配綠，若是傳統的大紅色配綠色，就會是一場災難，而且眼睛看久會過於刺激，這時候可以換成彩度較低的「粉紅」配「墨綠」，視覺就會放鬆許多，一樣是紅配綠的手法，也能有不同的詮釋方式。

02 Spacejoy on Unsplash 提供

01 Jean Philippe Delberghe on Unsplash 提供

02 Braden Collum on Unsplash 提供

03 Devon Janse Van Rensburg on Unsplash 提供

03 M k on Unsplash 提供

05 Kenny Eliason on Unsplash 提供

06 Francesca Tosolini on Unsplash 提供

07 Beazy on Unsplash 提供

08 Jason Briscoe on Unsplash 提供

01 對比配色法：紅 VS 藍 VS 黑，將三原色的兩色再加入黑色，對比更加強烈。**02** 對比配色法：以大面積的暖色橘 VS 冷色的藍，很有夏天的味道。**03** 對比配色法：粉紅 VS 墨綠，也是紅配綠轉化而來，時尚又前衛。**04** 對比配色法：黃 VS 藍，帶有文學氣息的畫面。**05-06** 適合兒童的繽紛輕柔色系。**07** 對比配色法：紅 + 橙 + 黃 + 綠，色彩不一定表現在牆上，也可以用在軟裝配件上喔！ **08** 對比配色法：黃 VS 藍。顏色不一定是大面積的色塊，透過家具或配件來表現效果也很好。

TIPS：

小孩房很適合用互補配色法，多種色彩的搭配，能夠刺激孩童的視覺與創造能力，可以挑選色彩繽紛的兒童家具，搭配可愛的小踏墊、或是抱枕、玩偶等，效果都很好哦！

01 Laura Lauch on Unsplash 提供

02 Spencer Davis on Unsplash 提供

03 Beazy on Unsplash 提供

04 Steven Weeks on Unsplash 提供

❷ 相似配色法

所謂的相似色，在色相環上，它們會位於左鄰右舍的位置，換句話說，就是「類似的顏色」，如綠色的相似色，可以是藍色，也可以是黃色，所以在掌握相似配色手法時，要先決定主角色是哪一個，選好之後再決定相似色彩在空間中的數量、比例，不能超過主色的比重。

TIPS：

相似色是很好上手的一種配色法，例如主角是黃色，就可以搭配橙色、紅色等來營造出溫暖的空間，客廳或是餐廳都很適合，重點在於不要太貪心，最多大約三～四個顏色即可。

05 JPY Design x Guanpin Decorations Studio 提供

01 對比配色法：綠色 VS 咖啡色，大自然的配色（樹木＋樹幹），沒有比這更舒適的對比色了。**02** 雙重對比配色法：藍 VS 紅，再加黑 VS 白的西洋棋盤地磚，十足強烈，很適合商空。**03** 相似配色法：黃＆褐（木頭色），畫面看起來偏暖且協調。**04** 相似配色法：深藍＆祖母綠＆草綠等。**05** 相似配色法：紫色＋粉色＋紫紅色。

01 Faisal Waheed on Unsplash 提供

02 作者拍攝提供

03 Jean Philippe Delberghe on Unsplash 提供

04 Original BTC 提供

01 相似配色法：以米色 + 黃色 + 褐色，再加上植物的草綠，呈現出舒適色調。**02** 相似配色法：以藍 + 綠 + 紫等 冷色調為主要視覺的餐廳。**03** 相似配色法：粉紅 + 粉橘 + 珊瑚紅，暖暖的。**04** 相似配色法：藍色（床包）+ 綠色（植物），冷色調讓人平靜，很適合臥室。**05** 三分配色法：黑 + 粉橘 + 米色，將家具及藝術品中的顏色串聯起來。**06** 三分配色法：紅 + 綠 + 白，白色屬於無彩色，很適合搭配各種顏色。**07** 三分配色法：黑 + 白 + 紅，很適合現代簡約風格的配色。

05 Jean Philippe Delbergne on Unsplash 提供

06 Anwar Hakim on Unsplash 提供

07 Erfan Amiri on Unsplash 提供

❸ 三分配色法

在色相環上，可劃分為三角形的位置，即為三分配色法。比起相似色的配色，有更多的趣味性，使用時，不論是正三角形或等腰三角形都可以，只要先選定一個主色，再用另外兩個顏色來襯托，就可以讓畫面有豐富的層次感，也是最容易發揮配色魅力的配色方式。

TIPS：

活潑又不呆版的三色構成，適合用在各種空間或者畫面，例如：以黃色的三人沙發，搭配藍色單人椅和暖色小物，畫面就會非常協調平衡。

01 JPY Design x Guanpin Decorations Studio 提供

02 Spacejoy on Unsplash 提供

03 Beazy on Unsplash 提供

01 三分配色法：Tiffany 藍 + 褐色 + 白，畫面和諧而平靜。**02** 三分配色法橙＋綠白， 適合放鬆的大自然配色。**03** 三分配色法：植物也適合拿來配色哦！綠 + 咖啡 + 米白的搭配非常舒壓。**04** 四角配色法：水藍 + 灰藍 + 土黃 + 粉色，粉嫩色系的沙發與抱枕以顏色呼應牆上的裝飾畫。

❹ 四角配色法

在色相環上，可劃分為四方形的位置，即為四角配色法。這是一種由多色組合而成的手法，在配色時要注意，主要顏色與其他顏色的比例分配，也要注意暖色、冷色之間是否協調。

04 Merve Bayar on Unsplash 提供

TIPS：

由於四角配色的顏色種類比較多，可以應用在軟裝中，較小型的物件上，例如抱枕，就很適合四角配色法，繽紛對比的色塊，散落在沙發上，比起單一色的抱枕，豐富又有層次感。

01 Davia Libeet on Unsplash 提供

❺ 灰階配色法

以無彩色「黑、白、灰」為主色，搭配其他顏色的配色手法，是一種很受歡迎的配色方式，由於無彩色與任何顏色都能搭配，所以很少會失敗，即使只搭配單一色彩，也能營造出很高端的配色感受。

02 Simon Humler on Unsplash 提供

01 四角配色法：珊瑚紅 + 葉綠 + 亮黃 + 黑，很簡單的應用在四張椅子身上。**02** 灰階配色法：以黑與白為背景，再加入主角的紅色，畫面十分有張力。

TIPS：

只要選定一個無彩色＋一個有彩色，例如灰色＋藍色，就是很常使用在臥室中的配色，會使人無壓又放鬆哦。

03 Alona Gross on Unsplash 提供

02 Spacejoy, Toa Heftiba on Unspl

03 Spacejoy, Toa Heftiba on Unsplash 提供

01 灰階配色法：黑白灰的純粹搭配，現代簡約風格。**02-03** 灰階配色法：以黑 + 白，再以米色取代灰色，畫面會更加溫暖宜居。**04-05** 單一配色法：淺藍櫃子 + 深藍壁布 + 湖水藍窗簾 + 寶藍色抱枕。

❻ 單一配色法

使用單一種顏色，例如紅色，可挑選深紅、粉紅、紫紅、棗紅等，單一基底色來為空間搭配。

04 JPY Design x Guanpin Decorations Studio 提供

05 JPY Design x Guanpin Decorations Studio 提供

01 Birgith Roosipuu on Unsplash 提供

02 Stefen Tan on Unsplash 提供

03 Charisse Kenion on Unsplash 提供

04 MK S on Unsplash 提供

01 單一配色法：以綠色為主色，搭配黑白，畫面很協調。**02** 單一配色法：以粉紅色＋黑＋白（無彩色），讓畫面單純又搶眼。**03** 單一配色法：純粹的粉紅色空間＋粉紅色家具。**04** 單一配色法：以米褐色系為主的空間，不喜歡鮮豔色彩的人可以參考這個方式。**05-06** 單一配色法：以各種色調的綠色，呈現在家具、布料、擺飾品、植栽等各個地方。**07** 單一配色法：使用鮮豔橘色，凸顯出空間的純白大器。**08** 單一配色法：以珊瑚紅搭配牆上裝飾化的顏色，同時呼應地板材料的顏色。

TIPS：適合對顏色搭配苦手的人，只要挑一個顏色就不必煩惱了！

05 Devon Janse Can Rensburg on Unsplash 提供

06 Devon Janse Can Rensburg on Unsplash 提供

07 Devon Janse Can Rensburg on Unsplash 提供

08 Kelsey Curtis on Unsplash 提供

01 Mathias Adam on Unsplash 提供

02 Sidekix Media on Unsplash 提供

01 單一配色法：薄荷綠牆壁 + 葉綠色沙發。**02** 單一配色法：以藍色為主，搭配帶有印花的抱枕、藝術畫、花器，比起完全用色塊表示，加入一些圖案的顏色會更豐富不死板。**03** 單一配色法：粉橘色很適合用在純白色的空間。

03 Mengyi on Unsplash 提供

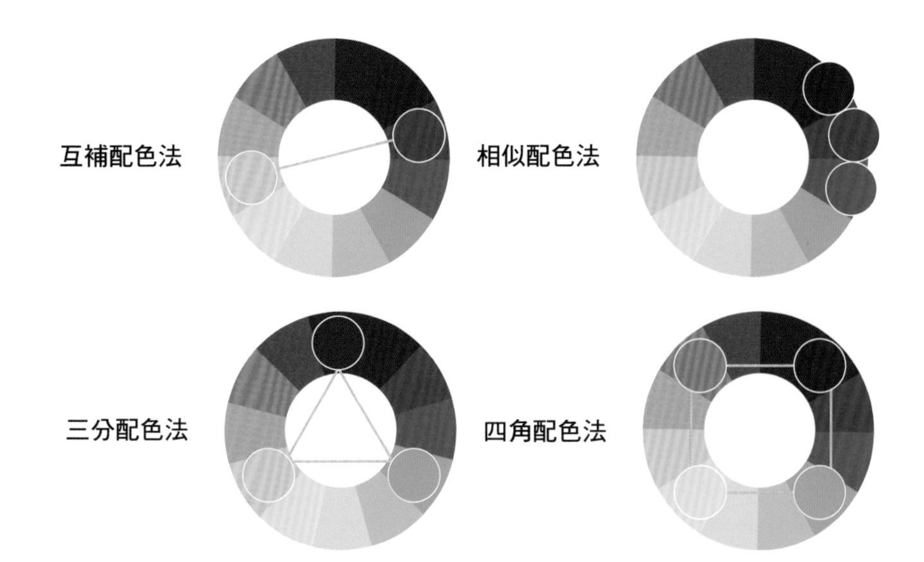

顏色的屬性也十分重要，就像星座的風、火、水、土四元素，色彩也有屬於自己的個性、適合的場所，以及適合的企業形象色，下面就要介紹四大類色彩屬性：

屬性	暖色	冷色
代表色	紅、橙、黃	藍、藍綠、藍紫
感受	樂觀、活力、愉悅、熱情	平靜、自在、專業
案例	麥當勞、可口可樂	FB、Twitter
屬性	**中性色**	**無彩色**
代表色	綠、紫、棕	黑、白、灰
感受	穩定、友好、不冷也不熱	知性、純粹、簡約
案例	星巴克	APPLE

3. 色彩心理學

色彩對於人們的影響深遠，行銷界有一著名的「7 秒定律」：人們在 7 秒鐘內就能決定，是否願意購買商品。根據統計，在這 7 秒內，「色彩」的因素就占了 67%。

色彩營造的感受

「大膽的用色」聽起來很容易，實際上使用是需要勇氣的。執行室內軟裝設計的過程中，Deco 的所有項目，色彩更是約佔了 90% 以上的視覺因素，尤其是家具、窗簾、地毯，這些物件在視覺上，不僅面積最大、也是影響心理層面最多的，因為人類是依靠視覺來決定行動的動物。

01 Nathan Van Egmond on Unsplash 提供

02 Rosana Cunha on Unsplash 提供

01 以暖色系為主的牆面，空間也感覺格外溫暖。**02** 黃綠色系使人感到無壓。**03** 以草綠色為主的空間，顯得放鬆療癒。

色彩如何營造出有溫度的空間？在室內，色彩就如同畫布的底色一樣，透過各種色相的選擇，經由視覺接收，會有完全不同的感受，如暖色系：紅、橙、黃，代表了溫暖、熱情、明亮；冷色系：藍、綠、紫，則呈現了冷靜、穩定、放鬆等感情；在軟裝設計時，色彩可以透過家具、布料或是飾品的選擇搭配，來呈現想要的感覺。

色系	代表色	象徵性
暖色系	紅、橙、黃	溫暖、熱情、明亮
冷色系	藍、綠、紫	冷靜、穩定、放鬆
中性色	綠、黃、黑、灰、白	自然、輕鬆、雅緻

每種個性有其代表的顏色

色彩能直接影響心理：例如紅、黃色能引起食慾，麥當勞的Logo便由此2色組成；藍色能使人感到自由、平靜，並彰顯敬業精神（professionalism），Facebook和Twitter都以藍色作Logo主色；綠色則代表著生命、自然；紫色貴氣又神秘這就是「色彩心理學」。顏色若搭配得宜，能創造出令人賞心悅目的畫面。

推薦各位，大膽地選擇色彩明亮、活潑的沙發或是窗簾、地毯吧！就當作買衣服、鞋子、包包一樣，擺脫一成不變，牆壁跳色也是個好選擇，時間久看膩了還可以更換，顏色稍作改變，就會有換了一個新家的感覺哦！

03 Spacejoy on Unsplash 提供

4. 具代表性的國際色彩指標

學習色彩學，就不能不提到兩大色彩學機構：「Pantone 彩通」&「WGSN」，每年所發佈色彩趨勢預測，都主宰著一整年的時尚與設計發展，每次一發表都會引起時尚界、設計圈、媒體圈，以及一般大眾的高度關注。

設計師必用的 Pantone

Pantone 彩通，是專門研究色彩的權威機構，也是開發色彩系統的供應商，提供印刷及色數位技術，客戶涵蓋各行各業：紡織、印刷、建築、室內設計、工業設計等等，幾乎都使用他們的色彩系統，由於他們長期研究、統計人類使用色彩的行為，所提供的「色彩建議方案」與「年度預測流行色」，已成為目前市場上的風向指標。

01 Christina Rumpf on Unsplash 提供

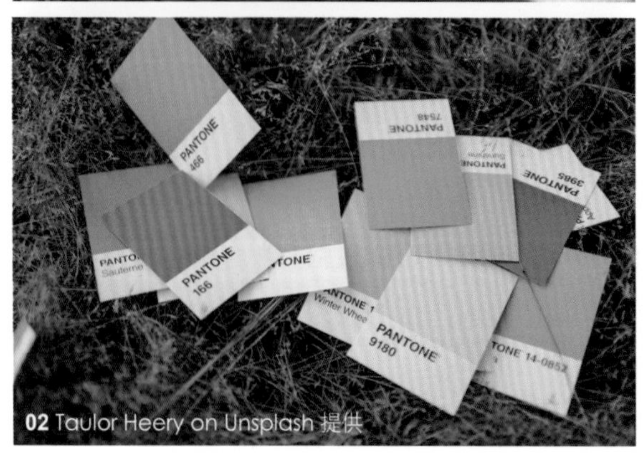

02 Taulor Heery on Unsplash 提供

01 Pantone 的色票，涵蓋了目前市面上 98% 以上的用色，須付費購買。**02** 無論什麼樣的顏色，都可以從色票中找到相似色。**03-04** 我們可以根據選用的圖片，從色票中找到相對應的色票號，如此便可以將其應用在其他項目身上。

03 Sunder Muthukumaran on Unsplash 提供

PANTONE 6780	PANTONE 5110	PANTONE 2214	PANTONE 3498

04 色票編號為示意

01 Inside Weather on Unsplash 提供

PANTONE 0422	PANTONE 0180	PANTONE 5114	PANTONE 7801

02 色票編號為示意

01-02 將色票拉出來，便可清楚明白使用了哪幾個顏色，在軟裝的應用上很實用。**03** 可以應用色票找尋各種靈感。

具指標性的 WGSN

WGSN，是時尚趨勢預測業中的權威，提供了各種線上行業別的流行預測，包含家飾業、設計業、科技業、食品業、時尚業等，透過支付諮詢費用，客戶可以從龐大的系統資料庫，查詢超過數萬個設計範本、顏色等，資料庫會透過調查、統計、演算法和大數據不斷更新，反映下一季的預測趨勢，它甚至可以告訴你，下一季流行的圓點會是什麼顏色、大小和尺寸，它所發表的「年度流行色系」，也是各大時尚業者關注的重點。

03 Fiona Murray on Unsplash 提供

分享三個好用的色彩搭配靈感網站：

- **Adobe Color**：可免費在線上直接使用色相環，搭配各式配色手法，直接展現出色票，好方便。
  https://color.adobe.com/zh/create/color-wheel

Adobe Color

- **Pantone 彩通**：可在線上使用色彩研究所，指引使用者找出一套色彩策略，也有付費使用的高階工具，獲取 15,000 種彩通色彩的色彩數據．挑選色彩並共享調色板．將 RGB/CMYK/Hex 色彩等值轉換為彩通色票，其他還有許多線上資源，是非常值得造訪的網站。
  https://www.pantone.com/

Pantone 彩通

- **WGSN 沃斯全球時尚網**：提供全球趨勢洞察分析、數據（需註冊或付費）。將社交媒體、搜索引擎、上架商品、時尚和媒體透過大數據，讓使用者了解值得投資哪些趨勢。
  https://www.wgsn.com/en

WGSN
沃斯全球時尚網

Chapter 8

軟裝創意靈感啟發：軟式訪展看藝術

01 作者拍攝提供

藝術美學的培養在於日常眼界的經驗累積和堆疊，

從世界知名的法國巴黎國際家飾用品展、

米蘭國際家具展展、日本三大藝術祭，

以及電影戲劇的場景佈置，拓展自己的美學思維吧！

虎之門之丘的安達仕 Andaz Tokyo 是我在東京住過，有最多藝術品的酒店之一這是她的香氛體驗室。

1. 軟裝師必逛：「Maison & Objet」法國巴黎國際家飾用品展

一般我們將它簡稱為「巴黎家飾展」。在歐美國家，擺飾品是生活的一部分，所有的空間幾乎都會放上許多擺飾品來妝點空間，所以每年德國法蘭克福、法國巴黎、美國拉斯維加斯、甚至泰國曼谷，都有家具、家飾品、禮品及流行飾品等展覽，也就是我們俗稱的傢飾展。

全球指標性的家飾展

在每年舉辦的眾多家飾展中，最重要的就是巴黎這一站了，官方的名稱是「MAISON & OBJET」，直譯的話有點像是「房子的對象」，聽起來是不是很有趣？就好像在幫自己的家找合適的對象一樣，找到適合的物件，放在適合的空間就會讓室內大大地加分哦。

01 作者拍攝提供

02 作者拍攝提供

03 作者拍攝提供

01 巴黎家飾展中涵蓋了家具、燈飾、擺飾品等完整的軟裝元素。
02-03 Jonathan Adler 可愛甜美又兼具新古典風格的飾品。

01 作者拍攝提供

02 作者拍攝提供

03 作者拍攝提供

01 展場平面圖，共有七大展區，完整看完可能要三天。**02** 圖中的只是七大展場中的其中一棟而已。**03**「Home Accessories」家飾品是最大展區，各式各樣的飾品讓人目不暇給。**04** 每種風格都有相對應的家具、燈飾、擺飾與藝術品。**05** 近幾年十分流行藤編類家具。**06** 自然風格的飾品近年來十分熱門。

04 作者拍攝提供

05 作者拍攝提供

展出內容非常豐富，而且超級好逛，有家具、燈飾、紡織品、餐具瓷器、擺飾品、花藝植栽、香氛蠟燭等，各種你想像得到與想像不到的，都會在這個展場上出現。身為軟裝設計師，如果沒去拜訪這個展，那就太可惜啦，幾乎全球最熱門＆高端的品牌都會參展，發表最新的作品，其專業程度、展場規模，都是全球的 Decoration 指標。這裡所有種類的軟裝項目，都有完整的系統，分別規劃在七個展區，其中最受矚目的，就是家飾品「Home Accessories」，另外還有紡織品「Home Linen」、餐廚食器「Cook & Share」、香氛「Home Fragrances」等，每一區都是海量，讓人看得目不轉睛，甚至還有一區，全部都是專屬於兒童的 Deco，有不會破的塑膠花瓶、迷你抱枕與地毯，實在太可愛太療癒了。

06 作者拍攝提供

在展場內，可以看到最新的流行趨勢，近幾年很熱門的自然元素，例如藤編類的家具，其實在巴黎展場大約兩年前就有出現，當時許多品牌也都推出自然元素的花鳥圖案壁紙、動物圖騰抱枕。通常在展場上看到最新款的商品，過一年台灣才會開始流行，所以對於軟裝師來說，掌握第一手資訊相當重要，這也是為什麼我們幾乎每一～兩年都一定會去看展。

01 作者拍攝提供

02 作者拍攝提供

03 作者拍攝提供

04 作者拍攝提供

05 作者拍攝提供

01 藍色絨布古典頭像，搭配花俏的孔雀豹紋壁紙，好潮啊。**02** 穿越這區時我真的以為這些是真的植生牆。**03** 最令我吃驚的是這些植物跟真的一樣！連觸感也是。**04** 令人目不暇給的香氛區。**05** 「Home Linen」紡織品區有各種布料製品，用途廣 泛，桌巾、窗簾、抱枕、家具等皆可使用。

藝術品添加玩味性

最近幾年也開始有許多藝廊參展，不同於以往的會場，清一色都是家飾品，這些藝廊大量曝光自家的藝術作品，常參加藝博會的朋友應該都知道，曝光率、炒作、辦活動等等，都能大大提高藝術品的價值，而有些高水準的藝廊，展出的作品在家飾展中特別吸睛，作品大都是當代藝術，前衛、時尚、非常適合現代空間的軟裝。

我很喜歡法國品牌幽默的設計，他們常會有令人莞爾一笑的商品，例如將希臘神話中的雕像，設計成一系列的家飾品，有燈飾、餐具、擺飾品、文具等，古典又時尚的造型，真的是走在潮流的前端；另外還將古老的材料元素：水晶，轉化製成具有現代感的花器、飾品，相較於傳統的水晶吊燈，這類飾品的價格相對親民許多，也就能被更多人所接受並使用，創新的詮釋手法，為室內軟裝帶來更多的可能性及樂趣。

01 作者拍攝提供

02 作者拍攝提供

01 將希臘神話人物，設計成擺飾品、餐具、抱枕等。**02** 我特別喜歡這種將古典元素，用現代語彙表現的飾品，非常時尚。**03**「Cook & Share」區，若是餐廚食器控，保證走不出來，盤子全都太美了。**04** 適合甜點店風格的餐具。**05** Kids &Family 區，有許多專為孩童設計的軟裝，可愛極了！ **06** 無論是家具或是燈飾，都是 mini 版本，每個路人都直呼好可愛！ **07** 不禁羨慕起歐洲的小朋友，有這麼多孩子的軟裝品牌可以選擇。

03 作者拍攝提供

04 作者拍攝提供

05 作者拍攝提供

06 作者拍攝提供

07 作者拍攝提供

安排一個巴黎藝文之旅吧！

第一屆巴黎家飾展於 1912 年舉辦，歷經百年淬鍊，當然領先其他國家一大截囉。

巴黎家飾展在每年 9 月舉辦，是巴黎設計週（Paris Design Week）的其中一個展出，在這段期間，整個巴黎市會有各種藝文活動，涵蓋娛樂、設計、飲食、時尚、裝飾、藝術等，整個城市就像舉辦藝文慶典一樣，路上除了有很多穿得很潮的型男美女，設計週期間還會多了濃濃的設計氣氛。

實用備忘錄：

- 除了家飾展之外，各大精品品牌的家飾品，都會在神秘漂亮的別墅，或是自己蓋起時尚又有特色的展間，發表自家的最新作品。
- 設計週期間，許多地方都可以拿到官方印製的黃色小冊子，裡面有詳細的展覽資訊和展覽地圖，包含類型、日期、地點，還有座談會等各種活動。
- 比起場內展，場外的展出更有看頭喔！如果有安排去巴黎看展，不要傻傻地只逛展場內，多留幾天行程，去參加位於市區各處，大大小小的店家展覽與活動吧。

01 作者拍攝提供

02 作者拍攝提供

01-02 在巴黎設計周期間，順道看了梵谷的光影體驗展，沉浸式的體驗非常感動，與現在正火紅的 NFT 概念十分相像！ **03** 認明這個地標，就知道米蘭展又要來洗版啦！ **04-05** 展場中可見最新流行趨勢及色彩。

2. 設計師無不朝聖：「Salone del Mobile - Milano」米蘭國際家具展

「米蘭家具展」被稱為世界三大家具展之首，無論是建築師、室內設計師、軟裝設計師，幾乎一輩子都至少會拜訪一次米蘭家具展，從 1961 年起舉辦，至今已有 60 年歷史，現今除了家具展之外，一年會搭配「廚具展」（Eurocucina），另一年則會搭配「燈具展」（Euroluce），年年交替，展場位於新米蘭會展中心。2000 年開始，家具展成為「米蘭設計週」（Milano Design Week）的一部分，期間於米蘭市區內，會有建築、室內、家具、燈具、飾品等最新動態，還有眾多經典品牌，各自在令人驚豔的展場，發表產品、舉辦講座、品牌活動，被譽為全球設計潮流的「奧林匹克」盛會。

03 作者拍攝提供

04 作者拍攝提供

05 作者拍攝提供

展場內外都是驚喜

展場內幾乎可以找到所有市面上的主流品牌，但參展廠商數量實在太多，建議依著地圖尋找自己想看的牌子，也可以順便注意最新流行的款式、造型、色系有哪些，每次看展都要幫助自己掌握設計的脈絡，建立起屬於自己的資料庫，在執行軟裝規劃時，可以很快速地派上用場，不必重新再找東西。

01 作者拍攝提供

會展中心內的展覽很豐富，會場外的展覽更是精彩，特別是精品品牌（如 Hermès、LV）的家具，一定都在米蘭市區內各自展出，他們的展場每年都很有看頭。特別是「布雷拉區」，這一區除了有許多設計工作室，從室內、建築、景觀到家具設計等等，是每年場外展必看的重點區域，而且還藏著許多有名的咖啡店、甜點店及餐廳，逛累了也不怕沒地方可以休息。

02 作者拍攝提供

03 作者拍攝提供

04 作者拍攝提供

05 作者拍攝提供

06 作者拍攝提供

07 作者拍攝提供

01 各家展場都展現強烈品牌特色。**02** 家具展有家具，燈飾、傢飾等的完整呈現。**03** 皮革製的花器，設計時尚不容易破，還可以帶著去旅行，很實用。**04** 展場平面圖，感覺大約有三個世貿那麼大。**05** 專門設計鏡子的家飾品牌，樣式時尚又前衛。**06** 國內比較少使用的屏風，其實是一個很好用的傢飾哦！ **07** 造型超級搶眼的家具，很適合設計旅店。

01 作者拍攝提供

02 作者拍攝提供

03 作者拍攝提供

設計界的嘉年華會

在米蘭，設計、時尚、創意、流行等，都有其專業與指標性，全球家具業的發展趨勢和市場走向，皆以米蘭展為風向球，就像是設計界的嘉年華會，洋溢著濃厚的設計氣氛，整個米蘭市區都是展場，到處都有舉辦活動，店家幾乎都開放參觀，甚至連路邊都有小型的展覽，如果你尚未去過的話，為自己安排一趟設計訪展之旅吧，保證滿載而歸！

04 作者拍攝提供

05 作者拍攝提供

06 作者拍攝提供

07 作者拍攝提供

01 很喜歡展場中大家隨處而坐，輕鬆聊設計的氣氛。**02** 很有古典氣息的昆蟲圖騰。**03** 近幾年，因為 WFH 的緣故，綠化的設計越來越多了。**04** 結合傢飾與植栽的鏡子＆ 結合櫃子與音響（喇叭）的多功能家具。**05** 在米蘭市區內各處的會外展，才是真正精彩所在！ **06** 街頭隨處可見設計的影子。**07** 馬路邊就有大師或經典品牌的展出，一邊走路也能一邊逛設計。

實用備忘錄：

- 新米蘭會展中心（New Milan Trade Fair）建築本身就很有看頭。
- 展場非常大，行前要先做功課，以免像無頭蒼蠅一樣，走馬看花。
- 設計週期間，會有很多設計大師出沒，運氣好的話，也許可以遇到自己的偶像，來場小小交流哦。

3. 此生必訪：
「日本三大藝術祭」，來一場身心靈的洗滌

每年有超過數十萬的人，從歐美、亞洲各地跨海而來，就為參加這三年一度的藝術盛事：「日本藝術祭」。有別於傳統的美術館展出形式，這裡所有藝術作品，皆與當地的自然景致、建築空間，或是歷史文化，有著緊密連結，許多作品甚至完全置身於大自然之中，有些或坐落於海岸邊，或坐落於山林田野間，承受風吹、日曬、雨淋，留下了歲月的痕跡，反而更增添其魅力。

03 作者拍攝提供

01 作者拍攝提供

02 作者拍攝提供

01 白天的南瓜大家見多了，大夜班的有看過嗎？**02** 男木島上的藝術品數量相當驚人。**03** 位於香川高松港港口的著名鳥居地標，也是藝術品。**04** 已經成為直島地標的黃色大南瓜，是日本當代藝術家草間彌生的代表作。

04 作者拍攝提供

串連當地地理環境和歷史文化

日本國內有著許多大大小小的藝術祭活動，其中最熱門、參訪人數也最多的，是由北川富朗先生策畫的其中這三場：

❶ **「越後妻有大地藝術祭」**：位於新潟縣，是山的藝術祭。

❷ **「瀨戶內國際藝術祭」**：位於香川縣，瀨戶內海的群島，是海的藝術祭。

❸ **「北阿爾卑斯國際藝術祭」**：位於長野縣，是雪國的藝術祭。

以上三展，常被並稱為日本三大藝術祭。其中最年輕的「北阿爾卑斯國際藝術祭」位在大町市，坐落於海拔 3000 公尺高的北阿爾卑斯山脈之山麓。有清澈的雪融水及乾淨的空氣，以及四季更迭美景等自然資源，然而近年來，被日本創成會議列為可能消逝的都市之一，因為人口外流及高齡的問題日益深刻。像這樣一片美麗的土地，主辦單位期望透過藝術祭的方式復甦，結合作品及活動，串聯起居民及到訪旅客們的情感。

01 豊島兩大美術館之一：豊島横尾館，看到的與真實的，是完全不同的面貌。令人大吃一驚的美術館，在這邊就不破梗了。**02** 聞名世界的豊島美術館，許多歐洲遊客跨海遠來就為了這個美術館，內部不能照相，只能遠拍外觀。這大概是我這輩子去過最難忘的美術館，各位這輩子一定要去一次 **03** 豊島美術館的販賣店內有趣的建築與家具語彙。

01 作者拍攝提供

02 作者拍攝提供

03 作者拍攝提供

01 作者拍攝提供

02 作者拍攝提供

03 作者拍攝提供

01 位於男木島港口的地標性建築物，是旅客服務中心，由西班牙藝術家 Jaume Plensa 所設計的「男木島之魂」。**02** 越後妻有里山現代美術館，藝術家於水底創作了幅大型作品。**03** 仔細看看水中倒影，是畫上去的！ **04** 這是個歡迎大家親近自然的美術館！遊客們隨意在水、陸往返玩耍，冬天中間會積成一片厚雪讓大家玩喔。

04 作者拍攝提供

為了延續當地的歷史文化，以復甦在地精神為中心思想，三個地區開始了長達 10 ～ 30 年不等的大型藝術計劃，廣邀國際級的建築師、藝術家，在當地興建極具特色的美術館，有整個美術館只展出一件作品的「豊島美術館」，以及整個建築埋在地底，卻完全沒有一盞燈的「地中美術館」，和在大雨過後，整個館中央會淹滿水變成水池，冬季則會堆滿雪的「里山美術館」。這些風格強烈的美術館，與世界上其他美術館有著完全不同的展演。除此之外，還有藝術家與當地居民聯合，創作出既精彩、又膾炙人口的作品，其中有許多作品已成為當地的地標，並且在每一屆藝術祭帶來全新的作品，創造出單次數十萬人次造訪的輝煌紀錄。

01 作者拍攝提供

02 作者拍攝提供

03 作者拍攝提供

藝術祭的魅力，除了是一趟建築、藝術之旅，也是與在地文化深刻交流的難得經驗。通常當地沒有所謂的大型飯店，食宿通常都是住在當地民家經營的旅社、民宿，所見都是當地人的居家布置，充滿溫暖風格，還可以品嘗到老奶奶的手藝，以當地的當令食材所製作的餐點，全都美味極了，每次都有滿滿的新收穫呢！

04 作者拍攝提供

05 作者拍攝提供

06 作者拍攝提供

01-02 美術館商店裡 賣的東西都好美。**03** 位於小豆島，台灣藝術家王文志的竹編作品「橄欖之夢」，內部是個超級大的美麗空間。**04** 直島的 Benesse House 從建築到室內，皆由安藤忠雄所設計，入住是一場建築與藝術的饗宴。大廳有我喜愛的藝術家 Thomas Ruff 的作品，其他各個空間也都有藝術品，房客可 24 小時隨意走動欣賞。**05-06** Benesse House 的餐廳，牆面以大面積色塊呈現，並在角落用鏡子巧妙地讓「牆角」消失在空間中，呈現虛虛實實的效果。

01 作者拍攝提供

02 作者拍攝提供

03 作者拍攝提供

01 瀨戶內海及群島真的很美。**02** 來到新潟縣，山野間有著巨型的花開了，同樣是草間彌生的作品。**03** 我帶著草間奶奶到新潟去旅行。**04** 新潟縣有名的梯田，上面有地景藝術作品，這兒是越光米的故鄉。**05** 清津峽隧道內有藝術家的創作，結合自然景色更加特別。**06** 最美的隧道口，藝術家巧手讓自然美景、與人、與水融合為獨一無二的作品，冬天來這裡會變成一片雪景。

04 作者拍攝提供

05 作者拍攝提供

06 作者拍攝提供

01 作者拍攝提供

重啟創意與靈感的藝術祭

雖然藝術祭與軟裝設計並無直接的關係，但在我個人的眾多旅行與訪展當中，藝術祭是最令人印象深刻的，每次拜訪都能深刻感受大自然的魅力，這是一場只有親自到訪才能體驗的藝術饗宴，每次到訪藝術祭，都是滿滿的感動跟收穫，覺得整個身心靈都被洗滌了，對於長期待在室內作設計、執行案件的設計師來說，能激盪出完全不同的靈感與火花，倘若喜愛藝術、建築、自然、旅遊，絕對不能錯過！給自己一個前往藝術祭的好理由吧！從山林，到大海，再到雪國：三大藝術祭真的各有千秋，真心推薦，一輩子一定要去一次！

02 作者拍攝提供

03 作者拍攝提供

04 作者拍攝提供

05 作者拍攝提供

06 作者拍攝提供

01 新潟縣十日町市的代表性觀光地「**星峠梯田**」。**02** 由於人口外流，國小已經荒廢，於是藝術家進駐創作，將每一間教室變成一件藝術品。**03** 教室之一，以書法為藝術創作的作品。**04** 教室之二，剪紙跳舞的機械裝置藝術。**05** 教室之三，各種妖怪的紙藝。**06** 教室走廊也有怪獸。

01 作者拍攝提供

02 作者拍攝提供

實用備忘錄：

- 每個藝術祭都有官方的 Tour，包辦了整個行程的交通、餐食，還有專人解說作品，光是交通上就省去大半時間，相當便利，很推薦參加哦！
- 每個美術館中的商店，都有獨家的商品或書籍，設計感＆藝術感十足，拿來 Deco 也很棒，別忘記每個景點預留一點時間逛逛小賣店。
- 有許多結合藝術家創作的民宿，可以安排一場特別的住宿體驗，可以與作品相處一整夜，這些房間通常很搶手，一定要提早預訂。
- 藝術祭通常是三年一次，但是在非舉辦期間，也都可以安排去旅行，美術館的展品及戶外的大型藝術品都是常駐的，所以都看得到，非展期還可以避開藝術祭的大量人潮。

03 作者拍攝提供

04 作者拍攝提供

01 農舞台，主建築由荷蘭的 MVDRV 建築大師所設計。**02** 這座名為「沒有動物的動物園」因為裡面只有怪獸。**03** 館內的裝置藝術，現場是會轉的。**04** 在藝術祭期間，到處都有官方 TOUR 的車與服務站，非常便利。

4. 追劇學軟裝：不必出門就可看遍世界各地的設計

電影的發明，改變了世人一切的視覺感官，從此可以天馬行空，不受時間及空間的限制，創造出任何想要的世界，所以「電影」被列為八大藝術之一，實至名歸。

從電影看設計

熱愛設計及藝術的我們，常常一頭栽進電影中的世界，精緻的佈景、華美的擺飾、跨國、跨時代的風格及元素，都能透過一齣電影有極致的展現，也許這些電影你都曾看過，但那些劇情之外精彩的美術場景（軟裝設計）你真的看見了嗎？快跟著我推薦的清單，找出來拜讀一遍！

01 電影之中時常出現當代藝術品的身影。**02** 家具與飾品搭配應用得當，也能在家中創造出劇照般的畫面呢。**03** 整面的書牆，自然而然散發時尚氣勢。

01 作者拍攝提供

02 作者拍攝提供

❶ 大亨小傳（The Great Gatsby）

描寫 1920 年代紐約的紙醉金迷，以及長島豪宅區的生活風情。男主角 Gatsby 家既神秘又奢華（俗稱的低奢），從室內到家具、布料、擺飾皆十分精緻；女主角的家則是大器豪宅，就連餐具也毫不馬虎，眾人不論在飯店、私宅開趴，每個空間都相當具有 Art Deco 的元素及特色。

❷ 歡迎來到布達佩斯大飯店（The Grand Budapest Hotel）

魏斯·安德森導演創造的虛構飯店，已成為這個時代的經典，強烈又精準的配色、萬中選一的家具、地毯、燈飾，每個畫面都能截圖下來當作桌布！

❸ 穿著 PRADA 的惡魔（The Devil Wears Prada）

經典曼哈頓都會電影，除了時尚界的精彩劇情之外，軟裝也非常豐富。女主角時常在辦公室與老闆對話，注意到室內十分有品味的經典家具及美式佈置嗎？另外米蘭達的住處、以及出差巴黎時居住的酒店等，都是各種高端家飾品的組合。

❹ 捍衛任務三部曲（John Wick）

近年電影界的黑馬，除了帥到掉渣的基努李維之外，劇中超有特色的殺手專用酒店，有濃烈的英倫混搭俄國皇室風格，男主角家的簡約豪宅，也相當賞心悅目。

❺ 絲絨電鋸（Velvet Buzzsaw）

描寫紐約藝術界金字塔頂端的驚悚片，劇中出現大量經典家具，幾乎每個畫面都會出現一張經典椅，而每個主角都很有錢，所以家居、燈飾、擺件全都大有來頭，也因為身處藝術界，眾人的品味亦十分獨特且具個人特色。

03 作者拍攝提供

01 作者拍攝提供

02 作者拍攝提供

01 我很喜愛將電影中的氣氛，應用到軟裝之中。**02** 軟裝帶我們認識生活，幫室內插一束花，享受生活的美好。**04** 喜歡后翼棄兵？來一組西洋棋擺飾吧！

從知名影集學場景佈置

另外還有在 NETFLIX 上很紅的幾部電視劇，《后翼棄兵》、《艾蜜莉在巴黎》以及《華麗追隨》大家有看過嗎？先不論兩極化的評價與劇情，她們能夠這麼火紅，一定有它的原因，例如劇中的室內場景＆軟裝設計就非常精采！

❶ 后翼棄兵（The Queen's Gambit）

時空背景是 1966 年的美國，女主角從童年到少女時代出現的場景，都有各自的色彩代表及豐富的軟裝搭配。60 年代的美式風格，大量的花卉印花及普普風壁紙，充滿濃濃的復古風情，而透過女主角的成長及排名不斷上升的賽事，空間的設計及佈置也越來越華麗，精緻的棋盤組以及鑲金桌椅、就連選手使用的水晶杯與棋鐘也毫不馬虎。對西方國家而言，西洋棋是一項歷史悠久的桌遊，所以也有許多精緻的棋組，很適合拿來作為佈置使用。

劇中大部分畫面都呈現深沉的色調，並以鮮豔繽紛的物件呈現對比，大量的祖母綠、薄荷綠、珊瑚紅、馬卡龍粉等家具，再次呈現了 60 年代的設計，而對照在美國與巴黎的風格，可以發現美、法式家具的細節落差甚大，每一幕都很有看頭！

03 作者拍攝提供

❷ 艾蜜莉在巴黎（Emily in Paris）

美國浪漫喜劇片，還未上映就透過大量「法式」宣傳造成話題。有趣（諷刺）的是，劇中呈現的正是一般美國人或亞洲人眼中的巴黎，真正的法國人卻表示：滿滿的吐槽點！例如：女主角設定是小資女，住的卻是豪宅區，劇中每個場景都極致華麗、每個出場的人都打扮得像要去看時裝周一樣誇張，令法國觀眾紛紛表示看不下去。

撇開劇情誇張的設定，看看劇中精緻的場景設計、色彩美學、家具軟件。在辦公室中，女主角那夢幻的粉色系辦公桌，暗喻了來自美國的她對巴黎的美好幻想；而同事及主管的桌椅、桌燈等，則呈現法式當代美學，簡約時尚，沒有多餘浮誇的裝飾，可見劇組的巧思。

劇中出現的新古典風格公寓、巴洛克緹花布單椅、搭配法式水晶吊燈及壁燈，牆上裝飾了古典畫派的肖像畫；另一鄉村風格的空間，使用了白漆飾底條紋單椅搭配木製茶几，牆上裝飾著鄉間風景畫，其他的場景如露天咖啡廳、餐廳、劇院等所有擺飾都非常到位，就像是為巴黎所拍攝的觀光片，雖然劇中將一切都美化得十分好萊塢，但對不是法國人的我們來說，這就是大家所憧憬的巴黎呀！

❸ 華麗追隨（Followers）

是由日本藝術家蜷川實花所導演，滿滿蜷川風格。一貫華美的服飾，四位主角的工作室、住家、常去的餐廳等，每個空間的風格雖然不同，但軟裝混搭功力都好強呀，壁紙、花藝、香氛等都是精挑細選，即使是電視短劇，其精緻程度卻完全不輸給電影。

01 Steph Wilson on Unsplash 提供

電影與電視這片藍海，真的太廣闊深遠了，下回欣賞電影之餘，也別錯過了電影工業中，華麗精彩的美術場景和軟裝設計哦！非常鼓勵大家，工作之餘除了看電影，追劇之外，多接觸藝術、多看各種類型的展覽，因為藝術與人文、設計、時尚、至音樂、科技等產業，都有密不可分的關係，身為美學愛好者，更要讓自己掌握最新的相關資訊，不斷充實自我，絕對是最好的投資 ！

逐步朝專業軟裝師邁進

若想朝著軟裝師的職業邁進，就必須多方面學習專業相關知識，可以參加各種與軟裝相關的課程，以及大量地閱讀書籍、瀏覽網站，研究分析其他人的作品，另外還有一個最大的秘訣：「保持好奇心與熱情！」身為美學愛好者，要讓自己時時關注最新的相關資訊，掌握最新的市場動態資訊，不斷充實自我，絕對是最好的投資！

最後分享六個我個人喜歡的設計讀物及網站：

- 【ELLE DÉCOR】指標性軟裝網站＆雜誌：https://www.elledecoration.co.uk/
- 【HOME & DESIGN】出版美式風格的 DECO 雜誌：https://www.homeanddesign.com/
- 【Apartment Therapy】美國著名設計 DECO 網站：https://www.apartmenttherapy.com/
- 【Benjamin Moore】專業色彩搭配及挑選建議：https://www.benjaminmoore.com/en-us
- 【Home Designing 】分類詳盡的室內設計網站：http://www.home-designing.com/
- 【Casa BRUTUS 】一本以「Life Style」為取向的純日血統雜誌，精彩的內容，涵蓋了各式設計、建築、時尚、旅行、美食等，舒心的圖文編排，整本書的內容都非常適合軟裝式生活，也是我從大學時代就最喜愛的雜誌刊物，已經成為忠實讀者 20 年真心推薦：https://casabrutus.com/

02 Andre Davis on Unsplash 提供

01 想嘗試蜷川実花風格，可用繽紛及高飽和度的色彩來營造。**02** 試著將喜愛的元素，融合到居家生活之中吧！

後記

一本書的誕生，原來這麼不容易！

打從我開始下筆，到整理完所有章節的圖、文，竟然已經花了快十個月，而後面的文書編輯作業，還必須仰賴出版社整個團隊，才得以完成。在這裡感謝所有協助我的人，因為有各位，本書才得以問世。

我非常喜歡美好的事物；從建築、藝術、經典家具、設計燈飾，到時尚精品、自然花草等等，這可能是設計師的通病，什麼都喜歡，什麼都涉略。我常常上網看各種不同品牌的家具，可以看好幾個小時，也可以一整天待在美術館裡看展；挖掘、認識新品牌是我的興趣；一旦發現有新的建築、空間、展覽時，馬上會想衝去一探究竟，我覺得常保好奇心，可以讓自己的生活見聞更有趣。

對從事軟裝有興趣的人，可以從我分享的事物中，找找看有哪一項是自己比較有興趣的？例如看展、逛街、或是哪部電影讓你特別有共鳴？慢慢地尋找適合自己的風格與想作的軟裝項目（如住家或商空），並且多方面地去涉略不同類型的作品，多去認識家具、燈飾等軟裝八大元素的相關品牌，從中汲取精華，轉化成屬於自己的設計。

由於喜歡與人交流，我開軟裝講座、課程已經好幾年了，許多人礙於距離、工作等緣故，無法親自參加，而「閱讀」是不用拘泥於時間地點的，所以觸發了我「不如來寫書吧！」的想法。對設計師而言，這可以是一本工具書，幫助自己更有系統地去規劃軟裝、設計案件；一般美學愛好者，可以從中找到居家佈置、生活美學的巧思，它也可以是一本很輕鬆的讀物，單純欣賞書中美美的圖片也很棒，若想進一步諮詢軟裝相關的問題，都歡迎到我的官網或臉書留言。

在文末與各位分享我喜歡的幾位設計師，他們的室內與軟裝作品都很精采：Bruno

Tarsia、Kelly Wearstler、Ryan Korban、Rockwell Group，這幾位的作品大多是華麗、色彩鮮豔的風格；另外還有 André Fu、Joseph Dirand、Kelly Hoppen 等比較偏白色系的風格。多看看國際級設計師的作品，是很有效的學習方式之一，如果可以實地到訪更棒。

最後真的非常感謝購買此書的您。能夠藉由文字的力量，傳達軟裝的概念、分享藝術與生活美學，真的是一件很棒的事，希望大家都能透過這本書，從我個人的一些經驗與見聞，得到更多靈感，並且找到屬於自己心目中理想的軟裝之路，祝福各位都能享受美好生活，順心平安。

2022

全方位軟裝師美學指南

室內軟裝設計心法秘訣，一次到位
十種風格／八大元素／生活美學／佈置藝術

作者　陳格秀
社長　陳純純
總編輯　鄭潔
副總編輯　張愛玲
特約編輯　王伶妃
封面設計　陳姿妤
內文排版　初雨有限公司（ivy_design）
整合行銷經理　陳彥吟
業務部　何學文（mail：ericho33@elitebook.tw）
何慶輝（mail：pollyho@elitebook.tw）

出版　出色文化．串聯傳媒
電話　02-8914-6405
傳真　02-2910-7127
劃撥帳號　50197591
劃撥戶名　好優文化出版有限公司
E-Mail　good@elitebook.tw
出色文化臉書　http://www.facebook.com/goodpublish
地址　台灣新北市新店區寶興路 45 巷 6 弄 5 號 6 樓

法律顧問　六合法律事務所 李佩昌律師
印製　龍岡數位文化股份有限公司

書號　Good life 65
ISBN　978-626-7065-68-6
初版一刷　2022 年 9 月
定價　新台幣 650 元

國家圖書館出版品預行編目(CIP)資料

全方位軟裝師美學指南 / 陳格秀作. -- 初版.
-- 新北市 : 出色文化, 2022.09
面；　公分. -- (Good life ; 65)
ISBN 978-626-7065-68-6(平裝)

1.CST: 家庭佈置 2.CST: 室內設計 3.CST: 空間設計

422.5　　111011020